打开
地壳深部油气
的大门

Open the Gates to Deep Crust

徐安娜　王大锐　薄冬梅　黎　民　陶小晚　著

石油工业出版社

内 容 提 要

本书通过系统介绍地壳圈层结构、组成物质、地壳变形的地质作用或构造运动，以及地壳形变留下的地质构造或地貌等，让读者了解地壳深部地层及其地质演变历史；通过揭秘地壳内油气的"诞生之地"——含油气盆地的生油和造油系统，让人们了解油气形成的基本条件和富集规律；通过介绍中国地壳深部油气研究的最新进展和成果，探讨深部油气与中浅层在母源、成烃过程和成藏演化及富集模式等方面的差异性，总结了中国三大克拉通盆地超深层油气形成的基本地质条件和潜在油气资源量，提出并论述了打开地壳深部油气大门所需的"三把钥匙"，展望了中国地壳深部油气勘探的发展趋势，并指明了未来重点勘探方向。

本书可供从事石油地质研究的技术人员、高校学生以及管理人员参考阅读。

图书在版编目（CIP）数据

打开地壳深部油气的大门 / 徐安娜等著 . —北京：
石油工业出版社，2022.6
ISBN 978-7-5183-5357-6

Ⅰ . ① 打… Ⅱ . ① 徐… Ⅲ . ① 油气勘探 – 研究 – 中国
Ⅳ . ① TE1

中国版本图书馆 CIP 数据核字（2022）第 077160 号

出版发行：石油工业出版社
（北京安定门外安华里 2 区 1 号 100011）
网 址：www.petropub.com
编辑部：（010）64222261 图书营销中心：（010）64523633
经 销：全国新华书店
印 刷：北京中石油彩色印刷有限责任公司

2022 年 6 月第 1 版 2022 年 6 月第 1 次印刷
787×1092 毫米 开本：1/16 印张：8 插页：1
字数：170 千字

定价：80.00 元

（如出现印装质量问题，我社图书营销中心负责调换）
版权所有，翻印必究

近年，中国油气对外依存度持续攀升，能源安全面临严峻挑战，急需向地壳深部寻找战略接替资源。受世界能源消费结构变革影响，超深层（6500～10000m）新层系、页岩油气和天然气水合物等领域的勘探和开发势头迅猛。随之带来的是，对超深层油气成藏理论以及探测和钻探等技术的需要越来越紧迫，如超深层油气生烃过程和保存深度、移动平台与大深度立体探测技术、高效智能钻探和开采技术等。

20 世纪 70 年代，一些国家就陆续启动了以深部探测和超深钻为主体的深部探测研究计划，如美国的 EarthScope、法国的 ECORS 和德国的 DEKORP 计划等，这些计划通过对地壳不同尺度结构的立体探测和三维模型的建立，极大地推动了地球科学的发展，在认识地球结构方面取得了许多新的发现，如地壳拆离断层、大陆俯冲构造、地壳熔融层和岩石圈精细结构，并建立了许多新的地质构造理论，如推覆构造理论、碰撞造山理论、断离作用和超高压变质作用等。在深部资源能源勘查方面，通过"揭开"地表覆盖层，把视线延伸到地壳深部，获得了一系列意想不到的新发现。例如，美国在造山带之下找到了大型油田；苏联在超深钻中发现了深部油气和矿化显示。这些发现突破了传统成矿和油气成藏理论，拓展了人类获取资源能源的空间，加深了对成矿和成藏过程的认识。

中国在深层碳酸盐岩及前陆盆地碎屑岩大油气田成藏理论和勘探实践方面也取得重大进展和突破。国内学者针对时代古老、热演化程度高的海相层系大油气田形成与分布规律研究，提出了分散液态烃"接力成气"理论、跨重大构造期成藏以及古老碳酸盐岩规模成储机制、"四古"控制大油气田分布等理论新认识。近年，逐渐加大了深层一超深层的油气勘探和钻探实践，相继在四川盆地威远—安岳地区、塔里木盆地塔北—塔中、塔河和顺北地区以及鄂尔多斯盆地的下古生界至中—新元古界获得重大油气突破，发现了一些超深层特大型气田。同时，在库车山前带发现埋深在 7000m 以深的天然气富集带和万亿立方米级大气区。在柴达木盆地阿尔金山前东坪—牛东地区、四川盆地川西北部双鱼石地区新发现了两个千亿立方米级规模天然气储量区。

本书作者徐安娜是我的博士生，拥有油气勘探和油气工程等多学科专业理论知识，具有跨专业和多探区实践工作的经验，长期从事油气藏描述、油气成藏综合地质研究和油气区带评价等，先后参与和承担过国家"973""十二五""十三五"项目和国家重大深地研发项目等，研究领域涉及塔里木盆地、鄂尔多斯盆地、四川盆地以及渤海湾盆地等。

本书采用通俗易懂的语言，通过介绍地壳组成、构造运动和地质构造以及含油气盆地内油气的生成和聚集过程，让读者了解地壳深部结构，揭秘地壳内油气富集规律；通过集成"十二五"以来以及"深地资源勘查开采"专项所涉油气的最新研究成果，让读者搞清楚深部与中浅层在油气母源、成烃过程和成藏演化及富集模式等方面的差异性，了解我国三大克拉通盆地超深层油气成藏条件和潜在油气资源。同时，文中还论述了打开地壳深部油气的大门所需的"三把钥匙"，指出了未来我国超深层油气勘探的发展趋势及重点目标。书中所介绍的上述成果和建议对于改善中国目前油气资源劣质化结构、制定科技创新规划和部署、提高科技创新能力均具有重要的参考价值，值得推荐给从事地质学和油气地质综合研究的科研人员和相关院校师生学习。

中国工程院院士　韩大匡

　　世界油气勘探领域正经历着大变革，从常规油气资源到非常规油气资源，从陆地到海洋，从中深层到深层、超深层，从浅水到深水、超深水，从常规地带到极端地带，已经成为世界油气勘探的趋势，未来油气勘探将不断向更细、更广和更深的领域发展。近年，我国油气对外依存度持续攀升，能源安全面临严峻挑战，急需向地壳深部寻找战略接替资源。目前全球已发现油气勘探深度大于 6000m 的油气田约 122 个，主要分布在被动陆缘、前陆盆地和裂谷盆地的克拉通深层奥陶系至中—新元古界，如中东阿拉伯台盆、滨里海盆地盐下、阿姆河盆地盐下等。近 10 年来，中国石油加大了深层—超深层的油气勘探和钻探，大于 6000m 的超深层钻探井数逐年增多，相继在四川盆地威远—安岳地区，塔里木盆地塔北—塔中、塔河和顺北地区以及鄂尔多斯盆地的下古生界至中—新元古界获得重大油气突破，已突破传统石油地质理论所推断的 5000m 液态烃死亡线和储层致密线范围。传统地质理论已无法回答地壳深部是否存在大型油气田等问题，适合中浅层油气的成因机制、成烃和成藏过程与分布规律等一系列科学理论正面临着超深层勘探的挑战。

　　本书致力于向读者推广和宣传地壳深部油气勘探的重要性。通过系统地介绍地壳圈层结构、组成物质、地壳变形的地质作用或构造运动，以及地壳形变留下的地质构造或地貌等，让读者了解地壳深部地层及其地质演变历史；通过揭秘地壳内油气的"诞生之地"——含油气盆地的生油和造油系统，让人们了解油气形成的基本条件和富集规律；通过介绍中国地壳深部油气研究的最新进展和成果，探讨深部油气与中浅层在母源、成烃过程和成藏演化及富集模式等方面的差异性，让读者初步了解中国三大克拉通盆地超深层油气形成的基本地质条件和潜在油气资源。最后，通过论述打开地壳深部油气大门所需的"三把钥匙"，让读者了解中国地壳深部油气勘探未来的研究重点和发展趋势，相信地壳深部油气的大门有朝一日定会向我们敞开。

本书能够顺利编写完成，关键内容得益于"深地资源勘查开采"专项的大力支持，特别感谢"深地资源勘查开采理论与技术集成""中新元古代古大陆重建与原型盆地分布预测研究""超深层及中新元古界油气资源形成保持机制与分布预测"和"超深层重磁电震勘探技术研究"中所有首席科学家和研究团队的辛苦付出。同时，感谢汪泽成教授、王兆云博士、赵振宇博士、郑红菊博士、白莹博士、戴晓峰博士及翟秀芬博士等的大力支持和相助；感谢中国石油勘探开发研究院石油天然气地质研究所各位同仁的长期助力！

本书涉及内容及领域广泛，限于笔者研究水平，在成果资料、数据的掌握与分析问题的深度和广度方面难免有不妥之处，敬请读者批评指正。

CONTENTS 目录

第一章

地壳组成与地壳演变

仰望满天繁星，人们会联想到星座和各种神话传说。

凝视脚下的大地，朋友，你对地球——拥有46亿年历史的星球、我们赖以生存的家园，是否会有种既敬畏又神秘的感觉呢？人类对地球的探索，经历了漫长的探索和认识过程。地壳是地球表层不可分割的一部分，我们天天行走在地球的外壳——地壳之上，地球上一切生物繁衍生息所需要的全部物质都来自地壳的供给，但我们对地壳的认知又有多少呢？如果把地球比作一个大鸡蛋，那么地壳就相当于蛋壳，因为地壳厚度仅是地球半径的1/750。对于人类来说，地壳的厚度好像还是很厚的，它有无数的奥秘和宝藏等待我们去发现和开发。那就让我们先从了解地球的结构、组成和演变入手，去探寻向地壳深部进军的金钥匙。

第一节 地球的"圈层家族"

通过陨石年龄测算，科学家推测地球的年龄应超过46亿岁，并利用实验室分析、地球物理等技术和方法，观察并分析研究地球不同部位物质组成及其变化和演化特征，认为地球不是一个均质体，而是一个具有圈层结构的星球，每个圈层的成分、密度、温度等因素各不相同。地球的圈层结构首先可分为两大"家族"，即外部圈层和内部圈层。地球外部圈层由大气圈、水圈、生物圈三个次级家族组成，而地球内部圈层家族则包括地壳、地幔和地核三个次级基本圈层（图1-1）。地幔可分为上地幔和下地幔两层，通常被称为软流层。在地球外部和内部两大圈层家族之间存在一个过渡圈层家族，称作软流圈，通常位于上地幔内部，距地球表面以下80～200km。地壳和上地幔顶部（软流圈以上）由坚硬的岩石组成，称作岩石圈。这样，地球总共包括八个圈层家族，其中岩石圈、软流圈和地球内部圈层一起构成了地球固体圈层家族。

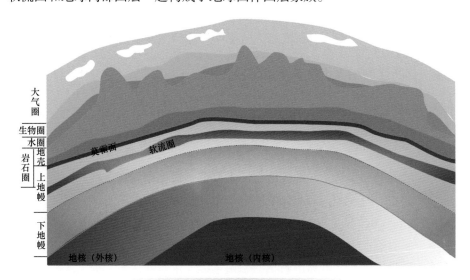

图1-1 地球圈层结构示意图

地球圈层家族在分布上有一个显著的特点，即固体地球内部与表面之上的高空基本是上下平行分布的，而在地球表面附近，各圈层家族"互通有无"，是相互渗透甚至相互重叠的，其中生物圈表现最为显著，其次是水圈。地球上每个圈层家族都和人类息息相关，它们之间时时刻刻都在发生着物质交换。

一、地球外部圈层：人类赖以生存的护身符

人们一般用直接观测和测量的方法来研究地球外部圈层。地球外部圈层的各圈层之间没有明显的分界，它们主要围绕地表各自形成一个封闭的体系，同时又相互关联、相

互影响、相互渗透、相互作用，特别在底层，大气圈、水圈和生物圈相互交错。地球外部圈层所包含的三大圈层共同促进地球外部环境的演化，是人类赖以生存的圈层和护身符。

打开地壳深部油气的大门

1 大气圈：地球和生物的生命盾牌

大气圈是地球外圈中最外部的气体圈层，存在于整个地球外层。大气圈是地球海陆表面到星际空间的过渡圈层，没有明显上限，一直可以延续到800km高度以上，只是越趋向外大气越少。大气圈包围着海洋和陆地，其下界为地面及水面，但在地下，土壤和某些岩石中也会有少量空气，它们也可认为是大气圈的一个组成部分。大气圈内大气的主要成分为氮和氧。随高度变化，通常大气的密度、压力、温度与其成反比，大气的成分及其流动状况也有所不同。自地表到高空可划为对流层、平流层、中间层、热层（暖层）和外大气层（散逸层）等。

大气圈对生物的形成、发育和保护有很大的作用。由于大气圈的存在，挡住了绝大多数飞向地球的陨石，拦截下太阳辐射中的大部分紫外线和来自宇宙的高能粒子流，保护地球生命，免遭外来的打击。因此，大气圈是地球和生物生命的盾牌。

2 水圈：亿万生命和人类生存及发展的源泉

水圈指连续包围地球表面的水层，包括地表、地下及大气中以液态、固态和气态等各种形态存在的水，是一个连续但不是很规则的圈层。

受太阳辐射影响，水圈中的水处于不间断的循环运动和大小循环之中，并与大气圈、生物圈和地壳互相渗透，对地壳进行巨大改造，使地球处在不断地变换之中。水圈中绝大部分水存在于海洋中，海洋是水圈中一个连续的、最大的水体。海洋面积约占地球表面积的71%，海洋是生命的摇篮。目前，在海水中已发现的化学元素超过80种，海水中的溶解物质不仅影响着海水自身的物理化学特征，还为生物诞生提供了营养物质和生存环境。科学家证实，地球上最早的原始生命产生在海洋中，绝大多数的动物门类也都生活在海洋中。陆地地下水也是水圈的重要组成部分。在地球上，淡水总量约为$400 \times 10^4 \mathrm{km}^3$，其中地下水占95%，而河水、湖水等水系仅占3.5%。由此可见，水对亿万生命和人类能在地球上生存和发展具有决定性的意义。

3 生物圈：一切生物诞生和生存的空间

生物圈是地球表面全部生物及其生活领域的总称，是地球特有的圈层，是地球上最大的生态系统，也是人类诞生和生存的空间。

生物圈活动的区域是地表上下25～34km内的范围，包括大气圈的下层、岩石圈的上层、整个土壤圈和水圈。但是，大部分生物都集中在地表以上100m到水下100m的大气圈、水圈、岩石圈等圈层的交界处，这里是生物圈的核心。

生物圈内主要由生命物质、生物生成性物质和生物惰性物质三部分组成。生命物质又称活质，是生物有机体的总和；生物生成性物质是由生命物质所组成的有机矿物质相互作用的生成物，如煤、石油、泥炭和土壤容腐殖质等；生物惰性物质指大气低层的气体、沉积岩、黏土矿物和水。生物圈是一个复杂的、统一的开放系统，是一个生命物质与非生命物质的自我调节系统，它的形成是生物界与水圈、大气圈及岩石圈长期相互作用的结果。

过去很长一段时间里，人们认为地球上的生命主要集中在地球表面，而在地球表面以下的地壳深处应该是一片死寂的"暗黑世界"，因为在地壳深处，不但没有阳光照射，而且还处于高温、高压的恶劣环境，生命是不可能存在的。然而，实际情况却不是人们起初想象的那样。随着科技的日益进步，人类渐渐地拥有了探索地壳深处的能力。科学家发现，即使是在地下 1000m 的地下水中，平均每毫升也包含了（$10 \sim 100$）$\times 10^4$ 个微生物，而在更深的地下，微生物的数量虽然有所下降，但它们依然大量存在，并且这些生命种类非常丰富，物种也很奇特。也就是说，在地壳的深处还有另一个生命世界，因为这里终年不见一丝光亮，所以我们可以将其称为"暗黑生物圈"，这些地壳深处的微生物也许是地壳深处油气来源的母质呢！

二、地球内部圈层：困扰人类的"潘多拉魔盒"

地球内部圈层是人类无法用肉眼直接观察和进行研究的。因为地球是太阳系中直径、质量和密度最大的类地行星，其平均半径达 6371.393km，具有坚硬的外壳，我们不能把地球切开，直接用肉眼观测地球内部结构；也不能像宇航员进入太空一样直接进入地球内部进行测量研究，或者依靠超深钻井技术（最先进的钻探也不过能穿透 10km，连地球的表皮都没穿透）来研究地球的内部构造。最早发现地球内部圈层构造秘密的是地球物理学家。

1 地震波：一把打开地心之门的金钥匙

20 世纪初，科学家发现了打开地心之门的金钥匙——地震波。当地球发生地震时，地球内部物质（地下岩石）受到强烈冲击，产生弹性振动，并以波的形式向四周传播，这种弹性波就叫地震波。地震波按传播方式分为三种类型：纵波（P 波）、横波（S 波）和面波（L 波）。纵波是推进波，在固体、液体和气体介质中都可以传播，速度也较快，在地壳中传播速度为 5.5～7.0km/s，最先到达震中，它使地面发生上下振动，破坏性较弱。横波是剪切波，只能在固体介质中传播，速度比较慢，在地壳中的传播速度为 3.2～4.0km/s，第二个到达震中，它使地面发生前后和左右抖动，破坏性较强。面波，是由纵波与横波在地表相遇后激发产生的混合波，其波长大、振幅强，只能沿地表传播，是造成建筑物强烈破坏的主要因素。由于地球内部物质的不均一性，地震波在不同弹性、不同密度的介质中传播速度和通过的状况也不一样。当地震波在地球深处传播时，传播速度会在某些深度突然发生变化，地震学家把这个波速或密度突然发生变化所在的面称为不连续面（图1-2）。根据不连续面的存在，人们间接知道地球内部具有圈层结构特征。

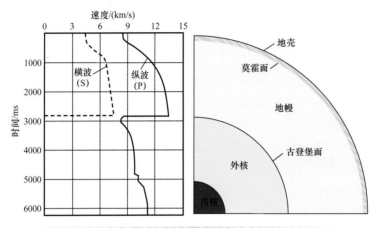

图1-2　地震波波速特征与地壳内部两个不连续界面的关系

地震波除了帮助人类发现地球内部主要构造，还可以像医学B超探测人体一样来探测监测详细的地下构造。现在，我们可以通过人工制造"地震"，"照亮"地球内部来获得数据。这些数据经过放大、记录和分析，不仅让我们越来越了解地球内部的情况，更能研究地球内部构造变化与地震、火山等灾害发生时间、过程之间的关系。

② 莫霍面和古登堡面：地球内部的波速不连续界面

根据地震波在地球内部不同深度传播过程中的速度变化特征，地震和地球物理学家发现了两个最明显，也是最重要的一级不连续界面（波速不连续面），即莫霍面（M面）和古登堡面（图1-2）。莫霍面是由前南斯拉夫地震学家莫霍洛维奇在1909年发现的。莫霍面几乎完全位于岩石圈内，深度起伏较大，在海底以下5～10km处，陆壳下20～90km处，纵波速度可从7km/s左右突然升到8km/s左右。莫霍面将地球表面的地壳与其内部介质地幔区分开来，将界面之上密度较小的介质部分称为地壳，将界面之下密度较大的部分称为地幔。

古登堡面是根据美籍地震学家古登堡（Gutenberg）的名字命名的。1914年，古登堡教授发现距震中11500～16000km的范围内存在地震波的阴影区，其内地震波传播速度发生明显突变，纵波由13.6km/s突然降低为7.98km/s，而横波则突然消失了，认为地球内部存在一个液体的地核，估算地核深度约2900km。后证实，这是地核与地幔之间的分界面，称为古登堡面，也称为核幔边界。古登堡面以上到莫霍面之间的部分称为地幔；古登堡面以下到地心之间的部分称为地核。

③ 地球内部圈层：一枚"煮得不太熟的鸡蛋"

根据地球内部存在的两个地震波速度突变面（莫霍面和古登堡面），地震学家目前大致将地球内部由外至内划分为地壳、地幔和地核三大圈层，其构造特征类似于一只"煮得不太熟的鸡蛋"，地壳为蛋壳，地幔为蛋白，地核就是位于地心的"蛋黄"，有一部分是呈液体状态的。

1）地壳：地球表层的岩石"蛋壳"

地壳指固体地球表层的一圈岩石，位于莫霍面以上，是地球表部的一层薄壳，整体平均厚度约17km，但其厚度在地球各地是不同的。通常高大山系地区的地壳较厚，欧洲阿尔卑斯山的地壳厚达65km，亚洲青藏高原某些地方超过70km；大洋底部的地壳厚度较薄，如大西洋南部地壳厚度仅为12km，太平洋海底地壳厚约8km。

地壳虽然很薄，但它上下层的物质组成和构造并不相同。依据物质组成的差异，目前将地壳划分为上下两层：花岗岩（硅铝）层和玄武岩（硅镁）层。地壳上层的化学成分以氧、硅、铝元素为主，平均化学组成与花岗岩相似，称为花岗岩层，亦称为"硅铝层"。地壳下层富含硅、镁和铁元素，平均化学组成与玄武岩相似，称为玄武岩层，又称"硅镁层"。地壳上下两层的分界面被称为康拉德面（图1-3），属于地球内部的次级不连续面，其深度变化较大，陆地最深约40km，最浅约10km，海洋上明显浅得多，甚至没有。此外，在地壳的最上层，还有一些厚度不大的沉积岩、沉积变质岩和风化土，它们构成地壳的表皮。

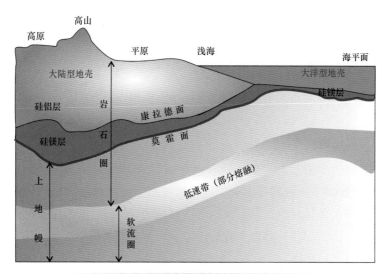

图1-3 地壳结构的两种类型：洋壳和陆壳

根据地壳结构及其形成演化特征，地壳又被分为大陆型地壳和大洋型地壳两类（图1-3）。大陆型地壳简称陆壳，主要分布在大陆上及被海水淹没的浅海大陆架区（大陆架、大陆坡和内海），占地壳面积的1/3，多为双层结构，即在玄武岩层之上有很厚的沉积岩层和花岗岩层，相当于硅镁层及其上的硅铝层两层。陆壳厚度较大，平均厚度为35km，分布很不均一，在构造稳定地区厚度较小，而在构造活动地区厚度则急剧增大，越往高山地区厚度越大。大洋型地壳简称洋壳，是位于大洋盆地之下的地壳，占地壳面积的三分之二，其构造比大陆型地壳更为均一，一般呈单层结构，自上而下由沉积岩层和硅镁层（5～6km）组成，缺失地壳上部的硅铝层。洋壳厚度一般很薄，平均为7～8km，例如大西洋南部地壳厚度为12km，北冰洋为10km，有些地方的洋壳厚度只有5km左右。这些地方都是两大板块交界处，而且都位于大洋底部，所以这里也是海底火山容易产生的地方。

地壳并不是静止不动、永久不变的。在漫长的地球历史中，沧海桑田的巨变时有发生。大陆漂移、板块运动、火山爆发、地震等都是地壳运动的表现形式，陆壳和洋壳在地壳俯冲、板块碰撞或撕裂过程中都会遭受不同程度的破坏。陆壳在地壳俯冲过程中，其岩石很少被完全破坏，只是部分岩石经历了部分熔化过程，失去了一些原始特性，而没有熔化的岩石会保持其原始特性和密度水平。但是，洋壳岩石在地壳俯冲过程中，可能会完全融化成上升的岩浆，形成全新的岩石。所以，洋壳和陆壳之间的最大区别是地壳的年龄不同，洋壳年龄一般要新于陆壳，因为形成新岩石的大洋中脊在洋壳上。这就是为什么科学家一般通过研究陆壳来确定地球的年龄或地层存在的时间，因为陆壳很少经历完全的破坏过程。一些科学家估计，最古老的洋壳存在于欧洲地中海的爱奥尼亚海，只有几百万年的历史，而陆壳的某些区域可能和地球一样古老，已有40多亿年的历史。

地壳还受到大气圈、水圈和生物圈的影响和侵蚀，形成各种不同形态和特征的地壳表面，其中土壤与人类的活动关系最为密切。在地壳中，蕴藏着极为丰富的矿床资源，现在已探明的矿物就有2000多种，其中金、银、铜、铁、锡、钨、锰、铅、锌、汞、煤、石油等都是人类物质文明不可缺少的资源，石油和天然气就存在于地壳岩石的孔隙和裂缝之中。

2）地幔：地球的可塑性"蛋白"

地幔介于地壳与地核，属于莫霍面至古登堡面之间的部分，厚度约2900km，地幔中的温度可达到2000℃，内部压力大，物质密度高。在高温和高压环境中，地幔中的物质处于一种特殊的固体状态，具有可塑性。就像沥青一样，常温下是固态的，当温度稍微升高，或者压力大一些，沥青会变得很柔软，易变形；温度继续升高，沥青将熔化为液体，具有明显的可塑性。

从地壳最下层到1000～1200km处，除硅铝物质外，铁镁成分增加，类似橄榄岩，称为上地幔，又称橄榄岩带；下层为柔性物质，呈非晶质状态，大约是铬的氧化物和铁镍的硫化物，称为下地幔。地球物理学家通过地震资料发现，在上地幔上部，70～150km处，地震波传播速度减弱，形成低速带，存在一个地震波传播速度减慢的层

（古登堡面）。软流层以上的地幔是岩石圈的组成部分，而软流层向下直到 1500km 处的地幔物质呈塑性，可以产生对流，称为软流圈。科学家推测，软流圈是由于上地幔中放射性元素大量集中，蜕变放热，使岩石高温软化，并局部熔融造成的，软流圈很有可能是岩浆的发源地，这里的物质处于局部熔融状态，类似一个传送带，能够带动其上岩石圈缓慢运动。但是，软流圈以下的下地幔中物质的温度、压力和密度都会增大，多呈可塑性的固体状态，即玄武岩层。

3）地核：地球内的以铁镍为主的"溏心蛋黄"

地核指从地下古登堡面到达地球核心的部分，其体积为固体地球总体积的 16%。科学家将地核进一步分为外核、过渡层和内核，外核呈液态，内核呈固态，过渡层呈液—固过渡状态。地核的外核密度为 9～11g/cm³，科学家推测外核物质是液态的，它不但温度很高，而且压力很大，这种液态应当是高温高压下的特殊物质状态。地核内核的顶界面距地表约 5100km，约占地核直径的 1/3，在这里纵波可以转换为横波，物质状态具有刚性，为固态。科学家推测，地核的地心物质呈固态，是实心的，因为地心引力在此处创造出的压力是地球表面压力的 300×10^4 倍，高温可以达到 13000°F，比太阳表面温度高 2000°F，是一个炽热无比的世界。

虽然铁在地表的熔点只有 1535℃，但是在巨大的压力下，地球深部中的铁却拒绝熔化。关于地球深处具体是什么物质，处于什么状态，科学界还众说纷纭，难下结论，因为越接近地心，压力越大，物质的性质与地表有很大差异。总之，科学家认为，整个地核是以铁镍物质为主，地核内的铁流使物质产生巨大的磁场，可以保护地球免受外来射线的干扰。

第二节 地壳组成物质及"岩石循环"

在漫长的发展历史中，地壳不仅受到太阳、月亮、宇宙物质以及大气圈、水圈、生物圈的影响，也受到地幔超高温物质变化和运动的影响，这些影响都不可避免地集中展现在地壳组成物质、构造活动和矿产资源在时空上的差异性。了解地壳的物质组成是认识各种地质作用、地球历史和地震的基础和前提。

地壳主要由岩石组成，而岩石是由一种或多种矿物组合而成，如花岗岩是由长石、石英等矿物组成，玄武岩是由辉石和斜长石组成。矿物是由一种或多种元素组成的单质或化合物。要想打开地壳的大门，首先要认识组成地壳的矿物和岩石的特征、形成过程或作用。

一、岩石组成基本单元：矿物

当我们随便拿一块岩石仔细观察时，就会发现它是由许多细小的颗粒组成的，例如，花岗岩是由许多透明的石英、白色或肉红色的长石和暗色的黑云母、角闪石等小颗粒组成；石灰岩主要是由方解石颗粒组成的。我们把组成岩石的这些颗粒称为矿物。地壳上已发现上千种矿物，自然界中的每种矿物都是独一无二的，每种矿物的形成过程都或多或少地遭受过各类地质作用的"磨难"，其存在状态都会伴随温度、压力、氧逸度等物理化学条件及其存在地质空间的变化而改变。

1 矿物类型与矿产资源

矿物是构成岩石和矿石（当岩石中某些有用矿物的含量达到可供工业开采利用时，称为矿石）的基本单元。当今矿物学术界认可的定义是：矿物是地壳中化学元素在各种地质作用下形成的，具有一定的化学成分、物理性质和内部结构，并在一定条件下相对稳定，以各种形态存在的天然产物（单质或化合物）。

目前，世界上已发现矿物近 4000 种。在众多矿物分类方案中，常用的两种分类方案是矿物晶体化学分类法和矿物成因分类法。按照矿物晶体化学分类法，矿物将分为五大类：自然元素矿物类、硫化物及其类似化合物矿物、氧化物及氢氧化物矿物、卤化物矿物和含氧盐矿物（包括硅酸盐、硼酸盐、碳酸盐、磷酸盐、砷酸盐、钒酸盐、硫酸盐、钨酸盐、钼酸盐、硝酸盐、铬酸）。以上各类化合物加上单质矿物共有 18 类矿物。这些矿物中硅酸盐矿物种数最多，占整个矿物种类的 24%，占地壳总重量的 75%，硫卤化物最少。可见，地壳主要是由硅铝酸盐矿物组成，其中长石约占 60%，在火成岩、变质岩、沉积岩中都有大量长石存在。按矿物形成地质作用，矿物主要划分为三大成因矿物，第一类为岩浆矿物（原生矿物），是由地下深处高温高压条件下的岩浆上升冷凝结晶而成的矿物；第二类为表生矿物，指原生矿物在地表常温常压条件下，经过风化、沉积作用所形成的矿物；第三类为变质矿物，指早期形成的矿物经过变质作用（一般是在高温高压下）所形成的矿物。通常我们把组成岩石的主要矿物称为造岩矿物，如石英、长石、云母、角闪石、辉石、橄榄石、方解石等；把组成矿石的主要矿物称为造矿矿物，如方铅矿、闪锌矿、磁铁矿、赤铁矿、黄铜矿等。

矿产资源泛指一切由地质作用形成的、埋藏于地下或出露于地表的、并具有开发利用价值的天然矿物和岩石资源，或者有用元素含量达到具有工业利用价值的集合体。矿产资源分为金属矿产、非金属矿产和可燃性有机矿产三类。金属矿产指可以从中提取金属元素的金属矿产，如铁矿、铜矿、铅矿、锌矿、铅锌矿等。非金属矿产指可以从中提取非金属原料或直接利用的非金属矿产，如硫铁矿、磷块岩、金刚石、石灰岩等。可燃性有机矿产指可以作为燃料的可燃性有机矿产，如煤、油页岩、石油、天然气等。绝大多数矿产资源为固态，如金属矿产和非金属矿产，少数为液态和气态，如天然气、氦气和石油。目前，含矿热水、惰性气体、二氧化碳气体和天然气水合物等也包括在矿产的范畴内。

② 矿物主要特征

自然界中的矿物多种多样，每种矿物都有自己的成分、结构、形态、光学性质、力学性质和化学性质等；甚至同一种矿物，在不同的地质条件下，其成分、结构、形态或物理和化学性质上可能显示不同的特征，这些特征能够反映矿物生成和演化历史过程，是矿物重要的鉴别标志，属于矿物独一无二的特性。目前识别矿物的方法很多，如化学分析法、显微镜鉴定法、光谱分析法和肉眼鉴定法，其中肉眼鉴定矿物是最简便易行的方法，主要依据矿物的外部形态特点、物理性质（颜色、光泽、硬度、条痕、密度等）来鉴别矿物。

1）矿物的外部形态

矿物的外部形态是矿物最重要的特征，主要由晶体内部结构决定，也受外部环境因素（组分、浓度、杂质、温度、压力等）制约。固体矿物的外表形态指矿物单体、矿物规则连生体及同种矿物集合体的形态。矿物单体形态包括自形程度、晶面特征和结晶习性等。矿物自形程度的高低反映了矿物形成时间的早晚，通常早期形成的矿物自形程度高。有些矿物的晶面上常有各种纹饰，如在黄铁矿的立方晶面上有三组互相垂直的晶面条纹；石英柱面上常有横纹；电气石柱面上常有纵纹。自然界中矿物通常不以单独晶体存在，而是以集合体存在。当同类矿物互相集合在一起形成矿物集合时，常会呈现出另一种形态，如石棉本身是针状，它的集合体则呈纤维状，像丝绵一样。许多矿物由于晶体内部结构方面的原因，常常不易形成规则的晶形（隐晶质），不过当它们以细小晶粒或非晶体集合时，也常呈现一定的形态，如赤铁矿呈鱼子状或肾状，褐铁矿常呈土状或蜂巢状，赤铁矿呈结核状。

2）矿物物理性质

矿物物理性质主要由矿物的化学成分和内部构造决定，不同的矿物具有不同的物理性质，包括光学性质、力学性质、磁学性质、电学性质和热学性质等。我们通常运用肉眼、一些简单的工具（小刀、放大镜、瓷棒、磁铁等）或试剂（稀盐酸）对矿物的物理性质进行鉴别，可达到认识、区别矿物的目的。矿物光学性质指矿物对可见光的反射、折射、吸收等所表现出来的各种性质，包括颜色、条痕、光泽和透明度等。矿物的力学性质指矿物受外力作用（刻划、敲打等）后所呈现的性质，如硬度、解理、断口等。矿物硬度指矿物抵抗外界刻划的能力，不同矿物的硬度不同，国际上常用莫氏硬度来表示矿物的硬度，莫氏硬度有10个级别，各级对应有标准矿物。解理面为只沿矿物内部一定方向发生平行分离的裂开面，如云母常见一组极完全解理面；钾长石有两组完全解理面；方解石有三组完全解理面。有些矿物没有解理，如石英。有些矿物具有特有的物理化学性质，如磁铁矿有磁性，闪锌矿具有脆性，云母具有弹性，盐有咸味，滑石有滑腻感，石墨能染色，石棉具有阻燃性，萤石有发光性，方解石、白云石滴酸后气泡，磷灰石燃烧会发出美丽的火焰，金、银、铜有延展性等。

❸ 矿物形成的三大地质作用

矿物是地壳中化学元素通过地质作用等过程发生运移、聚集而形成的。相同化学成分的物质在不同的环境条件（温度，压力等）下或遭遇不同的地质作用，可以形成不同的晶体结构，从而成为不同的矿物，这种现象称为同质多象，如碳原子在中、低级变质条件下呈石墨，在超高压条件下呈金刚石，二者成分相同但物理性质大不相同。金刚石是透明的最硬矿物，而石墨是黑色不透明的极软矿物。每种矿物都是地质历史时期地壳元素经历各种恶劣环境和地质作用"千锤百炼"的产物。

根据地质作用性质和环境的差异，将矿物形成的地质作用分为三大类：内生作用、外生作用和变质作用。

1）内生作用：由地球内部热能引发的地质作用

内生作用包括岩浆作用、伟晶作用和热液作用、火山作用等。这些作用的共同特征是高温高压环境。

岩浆作用指地下深部（至上地幔顶部）产生的岩浆（以硅酸盐为主要成分、含挥发分的高温高压熔融体）通过地幔或地壳，沿地壳局部压力降低的断裂（由地壳构造运动产生）上升到地表或近地表的途中时，由于温度、压力降低而冷却结晶形成矿物的作用，包括高温熔融岩浆的形成、运移、演化和冷凝固结成岩的整个地质作用过程。岩浆作用的活动范围及形成演化过程是复杂多变的。岩浆在地壳内部活动、演化直至冷凝成岩的过程称为侵入作用；岩浆喷出地表后冷凝成岩的过程称为岩浆喷出作用。岩浆形成于地下深处（至上地幔顶部）的高温高压环境，在上升运移过程中受温度、压力、氧逸度等物理化学条件以及存在地质空间的改变，岩浆会发生重力分异作用、扩散作用，并同围岩发生同化作用、混染作用等，另外在结晶过程中会发生结晶分异作用，导致原来成分均一的母岩浆的成分和物理化学状态随之改变，有规律地形成不同成分的派生岩浆，并出现先期析出的矿物又与剩余岩浆发生反应，产生新的矿物以及一系列成分或结晶格架上有关联的矿物，即鲍温反应系列矿物，此原理即为鲍温反应原理，它揭示了岩浆分异作用的本质，对了解岩浆结晶作用基本规律有一定意义。

伟晶作用指富含挥发分的（较稀）岩浆在地下较深部的高温高压条件下结晶为大矿物晶体的作用。伟晶作用形成的主要矿物是富 Si、K、Na、F、Cl 和稀土元素等矿物，主要有颗粒粗大的石英、长石、白云母、电器石、黄玉、绿柱石等，以及富含稀有、放射性元素（Nb、Ta、TR、U、Sn、Li、Rb、Cs 等）的矿物，伟晶作用可以形成宝玉石矿床以及具有工业价值的花岗伟晶岩和碱性伟晶岩。

热液作用指地下深处水液—气液（不是岩浆）形成矿物的作用。热液主要来源为岩浆期后热液、火山热液、变质热液和地下水热液。 如果是岩浆期后热液，则是由岩浆作用演化而来。热液作用一般产生于伟晶作用后期，温压降低，深度变浅，挥发分更为富集，不同温度的热液中产出的矿物组合和矿床明显不同。高温热液（300～500℃）以钨、锡的氧化物和钼、铋的硫化物为代表，如黑钨矿、辉钼矿、黄玉和电气石；中温热液（200～300℃）以铜、铅、锌的硫化物矿物为代表，如黄铜矿、闪锌矿、方铅矿、自然金等；低温热液（50～200℃）以砷、锑、汞的硫化物矿物为代表，如雄黄、雌黄、辉锑矿、辰砂、自然银等。此外，热液作用还有石英、方解石、重晶石等非金属矿物形成。

火山作用指岩浆沿地壳脆弱带直接上侵至地面或喷出地表，迅速冷凝结晶形成矿物的作用。火山作用中，矿物自岩浆熔体或火山喷气中迅速结晶，或由火山热液充填、交代火山岩而形成。在地表，岩浆在常压、高温下迅速结晶，形成与岩浆成分相对应的各种喷出岩。火山作用形成的矿物特点是：颗粒细小，甚至形成非晶质的火山玻璃，呈斑晶和隐晶质，有斑状构造，多属于高温低压相矿物，但火山作用也可以将地下深处高温高压环境形成的矿物（如金刚石）带至地表，使其在常温常压下准稳定下来。值得一提的是，火山作用形成的造岩矿物与岩浆岩类似，主要区别在于出现高温相矿物，如透长石、高温石英等，其形成的岩石具有气孔、流纹构造。若火山热液充填于火山岩气孔或交代火山岩，气孔中由于充填物而形成杏仁体构造，充填的主要矿物有沸石、蛋白石、方解石、自然铜等。另外，火山作用中由火山喷气凝华而形成的产物有自然硫、雄黄、雌黄、硫化物和石盐等。

2）外生作用：由近地表各种因素引发的地质作用

外生作用包括在地表或近地表较低的温度和压力下，由于太阳能、水、大气和生物等因素的参与而形成矿物的各种地质作用，在形式上分别表现为风化作用、风力作用、海洋与湖泊作用、河流与地下水作用、冰川与重力作用等，按其作用程序包括风化作用、剥蚀作用、搬运作用、沉积作用（包括机械、化学和生物化学沉积作用）和成岩作用，其中对矿物成分和结构、构造改造比较强的地质作用是风化作用和各类沉积作用。

风化作用指原先形成的矿物、岩石在太阳能、水、大气和生物等作用下发生机械破碎、化学分解，被溶解、粉碎的成分被流水带走，留下的成分重新组合、改造成新的矿物、岩石。不同矿物抗风化能力不同，其中硫化物、碳酸盐最易风化，硅酸盐、氧化物较稳定；自然元素最稳定。在风化作用下，易溶解矿物的部分组分，如 K、Na、Ca 等形成真溶液，被地表水带走，留下残余空洞；部分难溶组分，如 Si、Al、Fe、Mn 等则残留在地表，生成氧化物、氢氧化物，如褐铁矿、硬锰矿、锰土（在较大面积上分布时，则称"帽"，如"铁帽""锰帽"等），以及铝土矿、高岭石等次生矿物。

沉积作用指风化产物（被溶解、粉碎的成分）被流水、冰川、生物狭带，搬运至适当的环境沉积下来，形成新的矿物、岩石，主要包括机械沉积、化学沉积和生物沉积三类沉积作用。机械沉积作用指风化作用产物中被粉碎的难溶物质因流水减速等因素而再沉积时，物理和化学性质稳定的矿物就形成机械沉积，如长石、石英砂及少量的重矿物，构成砂岩等沉积岩，而相对密度较大的、有工业意义的重砂矿物，可以在河谷或其他有利地段集中堆积，形成漂砂矿床，如黄金矿（Au）和铂金矿（Pt）。化学沉积作用指风化中被溶解的成分，因化学环境改变、干旱蒸发过饱和等因素直接由溶液结晶而沉积，如食盐、石膏、钾盐、光卤石等。生物沉积指矿物由生物骨骼和遗骸堆积而成，或生物作用导致化学环境改变而使其他物质沉积，如硅藻土和磷灰石等。

3）变质作用：由温压环境突变引发矿物"变身"的地质作用

变质作用指在地下深处的、已形成的矿物，由于地壳构造变动、岩浆活动及地热流变化的影响，其所处的地质及物理化学条件发生改变，造成其在基本保持固态的情况下发生成分、结构的变化而形成一系列新的矿物（变质矿物），包括接触变质作用（包括热变质作用及接触交代作用）和区域变质作用。

接触变质是岩浆与围岩的接触带上发生的变质作用，包含热变质作用接触交代变质作用。热变质作用指岩浆与围岩之间只有热能交换，基本上无物质交换，围岩一般受热能影响而发生重结晶（如石灰岩变质为大理岩），也可形成新矿物（如泥岩变质为红柱石）。接触交代变质指岩浆与围岩有物质交换，在交代作用的基础上形成一系列新矿物，最典型的代表是酸性岩浆与碳酸盐围岩之间的接触交代变质，形成夕卡岩，因为这两种岩石成分反差大，交代作用的化学活力也大，交代作用明显。

区域变质作用指由于区域构造运动引起的大面积范围内发生的变质作用。温压条件改变是发生区域变质作用的主要因素，可以根据温度、压力不同划分变质相强弱，如低级、中级和高级变质相等，总体是向生成不含 OH^-、体积小、相对密度大及高温高压下稳定的矿物发展，如白云母、绿帘石、滑石、绿泥石属于低级变质矿物，而正长石、斜长石和矽线石、辉石、橄榄石、刚玉和尖晶石等属于高级变质矿物。以上区域变质矿物不仅与温压有关，还与原岩有关，原岩富 Al、Si 则形成红柱石、夕线石、刚玉等；原岩富 Mg、Fe 则形成绿泥石、蓝闪石等。

二、岩石圈组成物质：三大类岩石

"千锤万凿出深山，烈火焚烧若等闲。粉身碎骨浑不怕，要留清白在人间。"这首古诗的谜底就是一种叫石灰岩的岩石。岩石就是我们日常生活中的石头，它是地球发展的产物，是地球的固体圈层——岩石圈（包括地壳和上地幔软流层之上）的组成部分。岩石是天然产出的、由一种或多种矿物或类似矿物的物质（如有机质、玻璃、非晶质）和生物遗骸等构成的固态集合体。这些矿物或物质颗粒或融合、或胶结、或结合在一起就构成了岩石。岩石中矿物的结晶程度、颗粒大小、颗粒形状以及颗粒间接触关系的特征，称之为岩石结构；而矿物的组合形状、大小和空间上相互关系和配合方式，称之为岩石构造。结构和构造是识别岩石的重要特征之一。岩石记录了过去地球发生的各类地质事件，提供了了解地球和行星历史的资料，对岩石的性质、成分、成因和历史的理解有助于寻找矿产资源（固体矿产、油气资源），能够为解决工程地质、地震、火山灾害和环境变化等问题提供重要依据。

1 岩石主要类型及分布

自然界的岩石种类繁多，多达数千种，形态千奇百怪，有的是层状、片状，有的是块状、球状、柱状，每种岩石都有自己的物质组成、结构、构造和成因。科学家们根据岩石成因和形成过程的不同，将岩石划分为岩浆岩（火成岩）、沉积岩和变质岩三大类。这三类岩石在地壳中的分布并不是平分秋色，而是存在严重的不均衡性。据统计预测，岩浆岩约占地壳体积的 64.7%，变质岩约占地壳体积的 27.4%，沉积岩约占地壳体积的 7.9%。由此可知，岩浆岩是地壳中最主要的岩石，从地表到 16km 以内，岩浆岩约占地壳总重量的 95%，在地表出露的范围很广，认识各种岩浆岩及其成岩特征将有助于了解地球演化历史和寻找矿产资源。虽然沉积岩和变质岩在整个地壳中所占比例较少，但它们在地表出露和分布很广，特别是沉积岩，其占据了地表面积的 75% 以上，并且在世界上已发现的石油、天然气和煤炭资源中，约 98% 都聚集和储存在沉积岩中。因此，在野外随处可见的各种沉积岩是石油工作者们最关注和青睐的寻找油气踪迹的对象。

1）岩浆岩的形成与特征

岩浆岩是地下深处岩浆在地球热能引发的内力作用下，沿地壳薄弱地带侵入岩层或喷出地表，并冷却凝固形成的岩石，是由一系列因岩浆冷却凝结而成的矿物（长石、石英、黑云母、角闪石、辉石和橄榄石等）组成的固态集合体，人们又称它为 火成岩。岩浆是存在于地壳下面软流层内高温、高压的熔融状态的硅酸盐物质。

根据岩浆冷凝成岩方式和环境不同，将岩浆岩分为三种类型，即喷出岩（火山岩）、浅成岩和深成岩，其中深成岩和浅成岩又统称侵入岩，即岩浆未喷出地表，在地下深处冷凝固结的岩石，如花岗岩。

火山岩是地下深处岩浆在内力作用下，沿地壳薄弱地带或裂缝带喷出地表，冷凝后形成的岩浆岩，又称为喷出岩。地下岩浆喷出地表时，因温度、压力突然下降，水蒸气等挥发分大量逸失，岩浆很快冷却，矿物迅速结晶，晶体还来不及充分长大岩浆就已经固化，所以喷出岩具有如下特征：矿物结晶粒度较细，多为玻璃质，肉眼不易识别，多数具有气孔结构、柱状结构和流纹结构，如玄武岩、安山岩和流纹岩等。

火山侵入岩（浅成岩和深成岩）是地下岩浆在内力作用下，沿地壳薄弱地带侵入地壳上部，一部分侵入约距地表 3km 的较深部位，一部分侵入地表较浅处，因其温度下降而冷凝结晶形成的岩浆岩。侵入岩的主要特征为矿物结晶程度较高，晶体颗粒大，具有块状结构，如花岗斑岩、正长斑岩、辉绿岩、花岗岩、正长岩、辉长岩等，其中花岗岩是很好的建筑材料。

岩浆岩是地壳中含量最多的岩石，它分为很多种，包括玄武岩、花岗岩、闪长岩、正长岩、橄榄岩等，但最主要的是前两种，几乎占到了岩浆岩总量的70%以上。鉴别岩浆岩的主要依据是：（1）大部分岩浆岩为块状结晶岩石，部分为玻璃质结构岩石；（2）岩浆岩中发育特有矿物，如霞石、白榴石；（3）岩浆岩发育特有的气孔、杏仁及流纹等构造，如玄武岩；（4）岩浆岩内部不发育层理构造；（5）岩浆岩中常含有围岩的碎块，这些捕虏体常见有热变质现象；（6）岩浆岩中缺乏任何生物遗迹和化石。

2）沉积岩的形成及特征："沉积下来的才是精华"

沉积岩，又称水成岩，是在地表或接近地表的条件下，母岩由于海、河、湖等流水以及风、冰川等外力地质作用，遭受剥蚀、搬运、沉积而形成的沉积物，后经成岩作用固结而成的岩石。沉积岩在地表分布广泛，记录着地壳演变的漫长过程，并且蕴藏着大量的沉积矿产，如煤、石油、天然气和盐类等，而且铁、锰、铝、铜、铅、锌等矿产中也占有一定比例的沉积岩。沉积岩种类繁多，岩性变化较大。沉积岩按成因可细分为碎屑岩、化学岩和生物岩三种次一级类别。

碎屑岩主要由碎屑物质组成，包括正常碎屑岩和火山碎屑岩。正常碎屑岩指由母岩风化产生的碎屑物质沉积形成的岩石，就是通常所说的砾岩、砂岩、粉砂岩和泥页岩；火山碎屑岩特指由火山喷出的碎屑物质降落堆积形成的岩石，如凝灰岩、火山角砾岩等，实际上属于正常沉积岩与火山岩之间的过渡类型。碎屑岩中可见化石，但一般保存较差。黏土岩具有泥质结构，其矿物颗粒非常细小，具有明显的层理结构（若层理厚度小于1mm则称页理），将固结程度很高、页理发育、可剥成薄片者称作页岩，页岩常含化石；将那些固结程度较高、不具页理、遇水不易变软者称泥岩。

化学岩指由呈真溶液或胶体溶液搬运的物质沉积形成的岩石，如石灰岩、白云岩、石膏岩等，其中由易溶盐类矿物（石膏、石盐、芒硝等）组成的岩石又叫蒸发岩。化学岩识别的主要标志是岩层中各类结核和缝合线构造发育。结核是沉积物在成岩或成岩后期改造过程中经物质重新分配形成的，通常呈扁平状，部分切穿层理，部分被围岩掩盖，并见层理围绕结核弯曲。缝合线多见于比较纯净的碳酸盐岩中，有时也出现于石英砂岩、盐岩、硅质岩中，指的是横剖面中将相邻两个岩层或同一岩层的两个相邻部分连接起来的锯齿状接缝。缝合线两侧的岩石大多呈不规则犬牙交错状或相互穿插状连接起来，其内常富集该种岩石的不溶残余物，如黏土、有机质、砂等。缝合线的成因有多种解释，但多与压溶成岩作用改造有关。

生物岩指由生物遗体堆积形成的岩石，如煤和生物礁等。生物岩识别标志是具有生物结构，即全贝壳结构和生物碎屑结构等，发育生物遗迹构造和叠层构造，含大量生物遗迹化石。生物遗迹构造是指保存在沉积物层面上及层内的生物活动的痕迹，如保存在沉积物层面上的爬迹及停息迹，以及保存在层内的居住迹、钻孔迹等。叠层构造是由蓝绿藻（隐藻）细胞分泌黏液质捕集和粘结沉积质点而成的，通常由两种基本层组成，即富藻纹层（暗层）和富屑纹层（亮层），前者藻类组分含量多，后者少。

综上，三种沉积岩（碎屑岩、化学岩和生物岩）均具有两个突出特征，即层理构造和富含化石或生物遗迹化石。层理构造是沉积物沉积时在地层内形成的成层构造。层与层之间的界面称为层面，通常下面的岩层比上面的岩层年龄古老。层理构造是由沉积物的成分、结构、颜色及层的厚度、形状等沿垂向的变化而显示出来，通常表现为水平层理、板状交错状层理、楔状交错层理、槽状交错层理等，能够反映沉积物沉积时水体环境能量大小。化石指由于自然作用在地层中保存下来的地质历史时期生物的遗体、遗迹，以及生物体分解后的有机物残余（包括生物标志物、古 DNA 残片等）等，分为实体化石、遗迹化石、模铸化石、化学化石、分子化石等不同的保存类型。研究化石有助于了解生物的演化、分析地质历史时期生态环境、确定地层形成年代及其沉积岩相古地理环境。

3）变质岩形成及特征

前寒武系绝大部分都是由变质岩组成的，在岩浆岩周围和断裂带附近也有大量变质岩分布。变质岩中含有丰富的金属矿和非金属矿，例如全世界的铁矿储量，其中 70% 储藏于前寒武系古老变质岩。

变质岩指原来已存在的地壳中的原岩（包括岩浆岩、沉积岩和已经生成的变质岩），由于地壳运动、岩浆活动和地下热流作用等所造成的物理和化学条件的变化，即在高温、高压和化学性活泼的物质（水气、各种挥发性气体和热水溶液）渗入条件下，经过变质作用，在固体状态下发生矿物成分、结构和构造的变化，或矿物组合的变化，并使之转化再造，形成一种新的岩石，称之为变质岩。变质作用就是早期形成的岩石（原岩）在地球内力作用下（如地壳运动和岩浆活动），未经熔融状态而发生物理化学变化，进而形成新岩石的地质过程。

变质作用根据动力来源、作用范围和程度分为五大类型：动力变质作用、接触变质作用、区域变质作用、动力—热液混合变质作用和埋藏变质作用。动力变质作用主要指在构造运动所产生应力的作用下，岩石及其组成矿物发生变形、破碎，并常伴随一定程度的重结晶作用，沿断裂带常形成断层角砾岩、碎裂岩、糜棱岩等。接触变质作用是在岩浆侵入体放出的热能和挥发分作用下，围岩的矿物成分和结构、构造发生变化，主要表现为原岩成分的重结晶和变质结晶作用，如石灰岩热变质形成大理岩；石英砂岩变质形成石英岩；泥质岩石变质形成红柱石角岩等。区域变质作用往往和地壳活动、构造运动和岩浆活动等密切相关，既可有低温低压、中温中压和高温高压的情况，也可有高压低温和低压高温的情况，其作用分布范围是区域性的，可达到百万平方千米以上，常发生在造山带中，如中国秦岭、祁连山、天山、台湾等褶皱带，常常形成具有明显页理或片理构造的片麻岩、片岩、千枚岩、板岩等。埋藏变质作用指沉积岩层（如地槽区）或火山沉积物因地壳下沉和埋藏深度增加，在地热影响下引起的变质作用，主要与地壳下沉和大断裂构造，特别是岩石圈板块沿俯冲带下沉有关，常见麻粒岩和榴辉岩等典型高压变质岩。

变质岩根据原岩成分和性质不同，可分为正变质岩（原岩为岩浆岩）和副变质岩（原岩为沉积岩）两大类，多次变质的岩石叫复变质岩。

变质岩根据变质作用类型的不同，可将其分为五大类，即动力变质岩类（如断层角砾岩、碎裂岩、糜棱岩等）、接触变质岩类（大理岩、石英岩、片岩、片麻岩等）、区域变质岩类（板岩、千枚岩、片岩、片麻岩和粒状岩等）、交代变质岩类（蛇纹岩、云英岩和矽卡岩等）和混合岩类。混合岩是原岩经历区域混合岩化作用（包括重熔作用和再生作用），受到流体相物质的渗透、注入、重结晶、混合交代等复杂的变质作用，其矿物成分、结构、构造等发生深刻的改变，生成一系列特殊类型的岩石，如眼球状混合岩、肠状混合岩和混合岩花岗岩等。

变质岩的原岩主要来自岩浆岩或沉积岩，在经历各类变质作用改造后新生的变质岩在成分和结构上比较复杂。新生的变质岩既保留了原岩自身物质成分和结构的特点，也有变质过程中新产生的成分、结构和构造的变化。这些在变质作用过程中新产生的特有矿物、结构和构造是变质岩与其他岩石的主要区别，是识别变质岩的主要依据。首先，变质岩特有的呈平行或定向排列的片理构造，如板状构造、千枚状构造、片状构造和片麻构造等，是鉴别变质岩的最重要依据；其次，变质岩中常见的特有矿物也是鉴别的主要依据，如石榴石、红柱石、兰晶石、矽线石、硅灰石、石墨、金云母、透闪石、阳起石、透辉石、蛇纹石、绿泥石、绿帘石、滑石等。另外，变质岩的结构特征，如变晶结构和残余结构也可作为参考依据。还有火成岩中的石英、钾长石、斜长石、白云母、黑云母、角闪石及辉石等，由于本身是在高温、高压条件下形成的，所以变质岩在变质作用下依然保存这些矿物，但是在常温常压下形成于沉积岩中的特有矿物，如岩盐类矿物，除碳酸盐矿物（方解石、白云石）外，一般很难保存在变质岩中。

② 岩石间的"岩石循环"

地壳中三大类岩石（火成岩、沉积岩和变质岩）形成的环境和地质作用类型是不同的。沉积岩是在地表环境下经表层地质作用所形成的；变质岩是在地下环境中经内部地质作用的变质作用所形成的；而岩浆岩的物质——岩浆来源于地下深处，后受内部地质作用影响形成的岩浆岩可发育于地表和地下两种环境。任何一类岩石形成后，当时间、物理和化学条件以及地质条件发生改变时，任何一类岩石都可以转变为另外一类岩石。地壳中火成岩、沉积岩和变质岩三类岩石之间在一定的物理、化学条件以及地质条件存在着一定互相转变关系，即"岩石循环"（图1-4）。地下深部软流圈内高温、高压的熔融态硅酸盐物质——岩浆，在地球热能引发的内力作用下，沿地壳薄弱地带缓慢上升接近地表，一部分侵入深部和浅部岩层，在冷凝过程中形成侵入型岩浆岩（如花岗岩），如岩脉和岩床等；另一部分在火山喷发作用下喷出地表，冷凝形成火山岩（如玄武岩）。出露地表上的岩浆岩（火成岩）受到风化、侵蚀等作用，岩石破碎成颗粒，在冰川、流水和风的搬运下，在一些低洼地区沉积下来，经过成岩作用固结而成沉积岩。大多数沉积物都堆积在大陆架上，有些则被高密度水流通过海底峡谷搬运沉积到更深的洋底。在大规模的造山运动中，受高温、高压环境影响，沉积岩和岩浆岩（火成岩）在各类变质作用下，又形成了变质岩。当温度和压力进一步升高，在地壳深部的变质岩经过高温的作用后，可产生深熔作用而被熔为岩浆。有一部分火成岩经过高温的作用后，亦可再熔融为岩浆，岩浆经结晶作用后又造成了新的火成岩……如此循环下去，形成岩石循环。

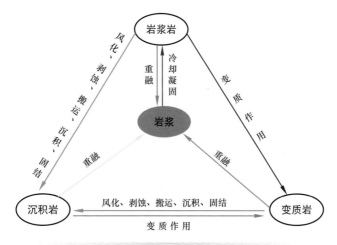

图 1-4　三类岩石的"岩石循环"关系图

但是，岩石的循环并不是顺着一定的次序进行的。有时受到地壳变动的影响，整个岩石循环便会骤然中断，而由另一个阶段重新开始循环；有时循环亦会绕着另一个较小的圈子进行，甚至有时会逆方向进行。例如出露于地表的岩浆岩、变质岩及沉积岩，在水、冰、大气等各种地表营力的作用下，经表层地质作用（风化、剥蚀、搬运、沉积及成岩作用）都可以形成沉积岩。地壳表层形成的沉积岩如果受到构造运动快速下降的影响，可卷入或埋藏到地下深处，经变质作用形成变质岩；当受到高温作用以至熔融时，亦可转变成岩浆岩。地壳深处的变质岩及岩浆岩，经构造运动的抬升与表层地质作用的风化与剥蚀，又可上升并出露于地表，进入形成沉积岩的阶段。

总之，岩石的循环并非一成不变，而是一个复杂的过程。地壳上三大类岩石循环过程中同时存在着地壳物质间的大循环。这些循环不断循环往复，导致地壳体积的逐渐增加，同时组成地球的岩石与矿物也不断地被破坏而再形成新的物质。所以，地球年龄虽然已经 46 亿年了，但它每天都处在自我更新的生命大轮回中，亘古弥新。

第三节　地壳演变的"幕后推手"和"行迹"

整个地球46亿年的演变史，可以说是地壳运动的演变史。造山运动是地壳运动的主要表现之一。"世界屋脊"喜马拉雅山脉，连同世界第一高峰——珠穆朗玛峰，曾经就是汪洋大海，为什么现在大海变成了高山？为什么五台山和黄山上面都是由侵入岩或变质岩组成，侵入岩本该在地下形成，现在却大量突出地表？还有，我们在野外见到的形态各异的众多褶皱和断裂构造，令人触目惊心的火山爆发和频繁发生的强烈地震，以及高山上见到的大量海洋生物化石等，这些现象都说明地壳上岩石发生了运动、变形和变位，改变了原来的状态，那么谁又是这一切的"改造者"？

一、地壳演变"史书"：地层

恐龙大灭绝、各类造山运动、地震和火山爆发都是地壳运动的结果。地球或地壳运动过程中产生的各种信息都被记录在地层之中，地层是地壳演变的"史书"，也是地质学家们解码地壳"这块石头"的"金钥匙"。

1 地层及其"解码定律"

地层指具有某些共同特征和属性、与相邻岩层存在明显差异、具有一定地质年代的岩层、岩石组合或堆积物。简单理解，地层就是指地质历史上某一时代形成的一套岩层，在野外见到的某一时代的成层岩石（包括沉积岩、火山岩及其变质岩）都可以泛称地层。地层除具有一定的形体和岩石内容外，还有时间顺序的含义，它不同于人们常说的岩层。岩层指由两个平行或近于平行的界面所限制的、由同一岩性组成的层状岩石，包括石灰岩、泥质灰岩、泥质页岩、页岩、花岗岩等，没有时间概念和时间量度单位。某一地质时代形成的地层内部一定保留着那个地质时期各种各样构造变动的遗迹、生物遗体和遗迹，以及自然环境的各种信息，因此地层是地壳演化历史的"史书"，是地质环境变化的物质凭证。

探寻和揭开地层中保留的化石、岩石特征以及地质构造变形特征的秘密，就拿到了打开地壳这本"石头大书"的金钥匙。历史上地层和地质学科学家们在探秘地层过程中，发现了并创造了解码地层的"四大定律"，即地层层序律、化石顺序定律、地质体间的切割律和相序递变规律。

地层层序律主要内容是：在层状岩层的正常层序中，地层未经变动时为下老上新，地层呈横向连续延伸并逐渐尖灭，呈水平产状。依据这一原理，可判定岩层形成的先后次序，但这一原理仅适合沉积物单纯纵向堆积的情况，因为大自然中随处可见沉积物侧向堆积作用，并且绝大部分沉积岩层是侧向进积和纵向加积两种作用的结果，例如滨海、滨湖、河流、三角洲和大陆斜坡等是侧向加积的主要发育环境，其形成地层的岩性界面通常与时间界面不一致或斜交，呈现普遍的穿时现象。因此，地层层序律对局部或单个地层剖面是适宜的，而对较大范围的区域就不一定适宜了，自然界中地层的叠置关系并不完全遵循地层层序律所说的"下老上新"关系，应根据区域构造演化史、地层内化石发育特征、地层沉积特征及接触关系等综合判定。

化石顺序定律是由英国"地质之父"史密斯在1816年提出的，他的主要观点是：不同时代的地层中具有不同的古生物化石组合，相同时代的地层中具有相同或相似的古生物化石组合；古生物化石组合的形态、结构越简单，则地层的时代越老，反之则越新。1859年达尔文提出的生物进化论赋予了化石顺序律以科学性，它揭示了生物进化的不可逆性和阶段性，是生物地层学的基础，地球自有生命以来的地质历史大框架就是靠化石顺序律建立的。但是，在实际应用化石顺序律进行地质工作时，要考虑生物地理学原理和化石带的穿时现象，要注重标准化石的应用。标准化石指生存时间短、演化快、分布地区广、个体数目多的生物种类所形成的化石，如寒武纪的三叶虫，奥陶纪、志留纪的笔石等，标准化石仅出现在一定的地层中，标准化石才是划分地层最可靠的标志。

地质体间的切割律重点解决不同岩层之间、岩层和侵入体，以及不同侵入体之间发生的相互穿插切割的关系。自然界中，地质体之间的相互穿插切割关系有沉积岩之间的整合接触、平行不整合接触、角度不整合接触，以及岩浆岩与围岩之间的沉积接触和侵入接触等。整合接触表示相邻的新、老两套地层产状一致，岩石性质与生物演化连续而渐变，沉积作用没有间断。平行不整合接触又叫假整合接触，指相邻的新、老地层产状基本相同，但两套地层之间发生了较长期的沉积间断，其间缺失了部分时代的地层，两套地层之间的界面叫不整合面，界面上可能保存有风化剥蚀的痕迹或底砾岩。角度整合接触指相邻的新、老地层之间缺失了部分地层，且彼此之间的产状也不相同，呈角度相交，其剥蚀面上具有明显的风化剥蚀痕迹，常具有底砾岩。侵入接触指岩浆侵入先形成的岩层中形成的接触关系，侵入接触的主要标志是侵入体与其围岩之间的接触带有接触变质现象，侵入体与围岩的界线常常不很规则。沉积接触指沉积岩覆盖于侵入体之上，其间有剥蚀面，剥蚀面上有侵入体被风化剥蚀形成的碎屑物质。

相序递变规律是由19世纪末德国学者瓦尔特提出，又叫瓦尔特相律，其核心内容是"只有那些目前可以观察到是彼此毗邻的相和相区，才能原生地重叠在一起"，其大意是相邻沉积相在纵向上的依次变化与横向上的依次变化是一致的，即可以根据相邻的沉积相在纵向或横向上的变化预测其在横向或纵向上的变化。该相律明显不适用于有大沉积间断的情况，当沉积环境在时空上出现突变或随时间推移发生重大变化时，相序不一定反映侧向相邻的环境，但很有可能是相隔很远的环境的产物。缺失部分代表的是沉积物被侵蚀的其他环境，在特殊的构造条件下（如同生深断裂、裂谷，以及有板块俯冲等发育时）就会出现相突变的情况。人们可以根据垂向沉积序列的研究来推断和预测可能出现的沉积相和沉积环境的横向变化关系，反之，也可根据现代和古代沉积环境横向上的岩相资料来建立垂向沉积序列。

② 地层的年龄：地质年代

地层学家和地质学家们充分利用地层这把"金钥匙"，找到地层中某个地质时期最有代表性的地质记录，建立了能够合理划分地壳演化及其重大地质事件的时间标尺，即地质年代。地质年代就是指地壳上不同时期的岩石和地层在形成过程中的时间和顺序。地质年代是能够指导全球所有地层和地质学家们用来研究地球演化史或地壳演化史的手册，能够用于开展全球或区域地层划分和对比的时间标尺。

1）地质年代划分与确定

在地质学研究中，地质年代的划分是以地壳的地质历史为依据、按不同的级别划分出不同的时间单位，由大到小分别是宙（Eon）、代（Era）、纪（Period）、世（Epoch）和期（Age），等，在这些时间单位内形成的对应地层称为宇（Eonothem）、界（Erathem）、系（System）、统（Series）和阶（Stage）等，前者为地质年代单位，用来描述地球或地壳演化过程中重大历史事件发生的时间和顺序，属于时间单位，通常在地质学和考古学中使用，一般有绝对地质年代和相对地质年代两种表述法。

地壳的绝对地质年代是通过同位素年龄测定法得到的，即通过测定矿物或岩石的放射性同位素含量，并依据放射性元素衰变产物及其规律，计算出岩石或矿物所在地层形成或地质事件发生至今的绝对年龄（绝对地质年代），一般用数量时间单位来表示。目前同位素年龄测定法有多种，如铀—钍—铅法（U–Th–Pb）、钾—氩法（K–Ar）和铷—锶法（Rb–Sr）等，这些方法各有特点及其适用范围。目前最先进和最前沿的测年方法是单颗粒锆石 U–Pb 法。绝对地质年代常常用来说明岩层形成的确切时间，如寒武纪大约始于 5.4 亿年前，结束于约 5 亿年前。但它不能反映岩层形成的地质过程，通常利用绝对地质年代来编制地质年代表。

地壳的相对地质年代，主要依据古生物和地层法的综合研究得到，即依据地层下老上新的沉积顺序、地层剖面中的整合与不整合关系、标准古生物化石与生物群体进行对比，确定某个地层或事件的相对地质年代。相对地质年代不能说明岩层形成的确切时间，但能说明岩层形成的先后顺序及其相对的新老关系，能反映岩层形成的自然阶段，从而说明地壳发展的历史过程。在表示地壳演变简史和地质工作中，通常以相对地质年代为主。

2）全球标准地质年代表

全球标准地质年代表就像历史学家把人类的历史划分为不同时期（如中国的唐、宋、元、明、清），国际地质科学联合会（简称地科联，IUGS）和国际地层委员会（简称地层委，ICS）组织全球著名地层学家和地质学家，从全球不同地区和不同年代（时代）的地层特征、重大地质事件和生物物种类型（化石）出发，综合应用绝对地质年代和相对地质年代的确定方法，并结合地壳运动、地层岩相古地理研究，利用古生物地层法对全球的地层进行划分和对比研究，最终建立了一套按全球不同时代地层形成时间的先后顺序的地质年代表及其年代地层单位系统，称之为全球标准年代地层（地质年代）。

全球标准地质年代表是由全球范围内的年代地层单位（如宇、界、系、统等）和与之相当的地质年代单位（如宙、代、纪、世等）所组成的等级系统。最新的全球标准地质年代表包括 4 宙 10 代 16 纪（表 1-1），宙属于第一等级，由古至今分别为冥古宙、隐生宙（包括太古宙和元古宙）、显生宙。冥古宙是指大约 46 亿—40 亿年前地球刚刚形成的时代，而已知最古老的蓝藻化石是 34 亿 7000 万年前，有人认为冥古宙末期已经出现了最初的光合生物（蓝藻类），但迄今为止没有任何证据证明冥古宙存在过生命。隐生宙是指那些在形成的地层中看不到或者很难见到生物的地质时代；而在形成的地层中可看到一定量生命以后的时代被称作显生宙。第一级四个宙之下又划分几个次级时间单位，分别为代、纪、世等。宙以下的次级时间单位包括 10 个代：始太古代、古太古代、中太古代、新太古代、古元古代、中元古代、新元古代、古生代、中生代、新生代，其中始太古代—新太古代属于隐生宙，指地球形成及化学进化的初期，时间为 40 亿—25 亿年前，目前这个数字受掌握最古老生命或生命痕迹的限制，还有许多不确定的因素；太古宙和元古宙之后的古生代、中生代和新生代属于显生宙。代以下的次级时间单元为纪，共划分 16 个纪，中元古代包括两个纪（长城纪和蓟县纪）；新元古代包括两个纪（青白口纪和震旦纪）；古生代包括六个纪（寒武纪、奥陶纪、志留纪、泥盆纪、石炭纪和二叠纪）；中生代包括三个纪（三叠纪、侏罗纪和白垩纪）；新生代包括三个纪（古近纪、新近纪和第四纪）。纪下面还有分级单位，如世，一般是将某个纪分成几个等份，如新生代依次分为古新世、始新世、渐新世、中新世、上新世、更新世、全新世等。

这里介绍一首能够简洁和快速记忆地质年代表的口诀：太元古中新生代，震寒奥志泥石炭，二三侏白第三四，古始渐中上更全。还有一首可能对于中国地层和地质研究者来说烂熟于心的顺口溜：新生早晚三四纪，六千万年喜山期；中生白垩侏叠三，燕山印支两亿年；古生二叠石炭泥，志留奥陶寒武系；震旦青白蓟长城，海西加东到晋宁。值得一提的是震旦纪、青白口纪、蓟县纪、长城纪在中元古代—新元古代，震旦纪属于加里东期，青白口纪、蓟县纪和长城纪属晋宁期，它们只限于在中国使用，长城纪是中国最古老的纪，它起于 18 亿或 19 亿年前，止于 5.7 亿年前，这个时期的生命主要是细菌和蓝藻，后期开始出现真核藻类和无脊椎动物。

标准年代地层等级系列所有单位与它们相应的地质时间跨度一样，在理论上其适用范围是世界性的。类似每一个人类历史时期都占据人类历史的一定时间间隔或时间段落，包含一定的人类活动内容和事件那样，每一个时间地层单位内包括在这个时间间隔内地球上所形成的所有岩石和与其相关地质事件。随着全球地层研究的深入，全球标准地质时代表也多次被修订和完善，它已经成为指导全球地层和地质研究人员开展地球演化史或地壳演化史的手册，成为全球或区域地层划分和对比的时间标尺。

二、地壳形变"幕后推手": 地质作用

野外形态各异的褶皱、断裂构造以及火山爆发和地震等现象都是地壳上的岩石发生了"怒发冲冠",那么是谁引发了这一系列"战争"? 关于地壳运动成因目前存在多个学说。实践证实,地壳表层所发生的一切变化都是地球内部物质不均衡运动的结果,各类地质作用(包括地壳运动)是地壳形变的真正"幕后推手"。

1 地壳运动"主流学说"

关于地壳运动成因、运动方式及动力来源一直众说纷纭,有许多学者对此进行过探讨,存在两套思想体系,即派固定论和活动论。固定论,主张地壳运动以升降运动为主导,大陆和大洋自形成以来,在轮廓和相对位置上基本上都是固定不变的,海陆变迁由垂直运动造成,洋壳和陆壳不会在水平方向大规模运动,其代表学说主要有地槽—地台学说、膨胀说、收缩说、脉动说和均衡说等。活动论,主张地壳运动以水平运动为主,大陆和大洋在轮廓和位置上不是一成不变的,其代表学说主要有构造学说、对流说、地幔柱说、大陆漂移说和海底扩张说等。目前比较流行和被认可的学说主要为地槽—地台学说、大陆漂移说、海底扩张说和板块构造学说,但这些学说仍存在着一些疑难问题,均没有很好地解决地壳运动的动力学机制问题。地壳运动的机制和动力来源问题是大地构造学中迫切需要解决的问题。近年来,伴随海洋地质、海底地貌、地球化学、地球物理的发展以及深部勘探需求,在针对所获得的大量地壳深部实际资料开展的研究中,"活动论"逐渐被广大学者接受,板块构造学说占据了主导地位。

板块构造学说是20世纪60年代中期提出的,它是大陆漂移和海底扩张学说的自然引申,还包括了岩石圈、软流圈、转换断层、板块俯冲、大陆碰撞和地幔对流等一系列概念,有人称之为全球构造学说。

板块构造学说的核心内容主要是:(1)刚性的岩石圈分裂成多个巨大的块体—板块(Plate),它们驮在软流圈上做大规模水平运动;(2)地幔中的物质热对流是板块运动的驱动力;(3)板块边缘由于板块的相互作用而成为地壳活动性强烈的地带,板块边界分为分离扩张型、俯冲会聚型和平移剪切型或转换型三种,板块在离散边界处的扩张增生得到会聚边界处俯冲消减的完全补偿,地球体积保持不变;(4)板块的相互作用从根本上控制了各种内动力地质作用及沉积作用的进程。

板块构造学说认为,地球的岩石圈不是整体一块,由大洋板块和大陆板块构成,且被一些断裂构造带(如海岭、海沟等)分割成许多板块,全球岩石圈分为六大板块:欧亚板块、太平洋板块、印度洋板块、美洲板块、非洲板块和南极洲板块,每个板块又可以划分为若干个小板块。这些板块驮在软流圈之上,处于不断运动之中,一般来说,板块的内部地壳比较稳定,而两个板块之间的交界处是地壳比较活跃的地带,且火山和地震也多集中分布在这一地带。板块相对移动而发生的彼此碰撞或张裂,形成了地球表面

的基本面貌。板块张裂的地区常形成裂谷或海洋，如东非大裂谷、大西洋就是这样形成的。在板块相撞挤压的地区常形成山脉。当大洋板块与大陆板块相撞时，大洋板块因位置较低而俯冲到大陆板块之下，这里往往形成海沟；大陆板块受挤压上拱，隆起成岛弧和海岸山脉。在两个大陆板块相碰撞处，则形成巨大的山脉。喜马拉雅山脉就是欧亚板块和印度洋板块碰撞产生的。地球上海陆的形成和分布，陆地上大规模的山系、高原和平原的地貌格局，都是地壳板块运动的结果。

② 地壳形变的"幕后推手"：地质作用

通常所说的地质作用，除了包括由地球内营力引起的地壳运动，还包括由地球外部地质营力引起的对地球表面形态的改造或破坏作用，如流水、冰川、风等对地表岩石的风化和剥蚀，致使岩石破碎或溶解，变成碎石、砂、泥土后随流水搬运和沉积等作用。地质作用比较准确的定义，就是指由自然动力引起的、使地壳组成物质、地壳构造及地表形态等不断变化和形成的作用，按应力的来源不同，分外力地质作用和内力地质作用两种类型。

1）内力地质作用及特征

内力地质作用，顾名思义，其动力来自地球内部（温度、压力和岩浆物质对流等），是由地球内动力所引起的整个地壳岩石圈的岩石发生变形、变位（如弯曲、错断等）的机械运动，包括地壳运动、岩浆活动和岩石的变质作用等，内力地质作用的结果是使初始沉积呈水平状的岩层发生变形、变位和高低起伏不平，形成倾斜岩层、褶皱和断裂等地质构造。

（1）地壳运动及其方式和类型。

地壳运动又叫构造运动，指由地球内能引起的地球物质运移、地壳变形和变位洋底增生和消亡，以及相伴随的地震活动、岩浆活动和变质作用的一系列过程。简单解释就是，由地球内力作用引起地壳构造改变和地壳内部物质变化的运动。构造运动属于内力地质作用，是长期而缓慢的，但却是引起地壳升降、岩石变形、变位，以及地震作用、岩浆作用、变质作用乃至地表形态变化的主导因素。地球表层所发生的一系列构造运动是地球内部物质不均衡运动的结果。

从运动方向上，地壳运动可以分为水平运动和垂直运动（升降运动），属于地壳的机械运动。水平运动就是地壳物质大约沿着平行地球表面，即沿着大地水准面切线方向进行的运动，存在拉张、挤压和剪切三种基本形式，表现为地质体的相互分离、会聚或平移错动，造成岩层的褶皱与断裂，在岩石圈的软弱层中则可形成巨大的褶皱山系，常把产生大规模、强烈的岩石变形（褶皱与断裂、巨型凹陷、岛弧、海沟等）并与山系形成紧密相关的水平运动称为造山运动。垂直/升降运动就是地壳物质沿着地球半径方向进行的缓慢升降运动，常见三种基本形式，即垂直面上下相对运动、斜面上下相对运动和上下速度差异造成的相对运动，常表现为地壳大面积的上升、下降，造成地表地势高差的改变，可形成高原、断块山及坳陷、盆地和平原，还可引起海侵和海退，即海陆变迁等，传统上称为造陆运动。

地壳运动控制着地球表面的海陆分布，影响各种地质作用的发生和发展，形成各种构造形态，改变岩层的原始状态，所以有人也把地壳运动称为构造运动。按运动规律来讲，地壳运动以水平运动为主，有些升降运动是水平运动派生出来的一种现象。同一地区构造运动的方向随着时间的推移而不断变化。某一时期以水平运动为主，另一时期则以垂直运动为主，它们是相互联系、相互制约的，常常兼而有之。

地壳运动常以岩石变形、变位、地表形态的变化等形式表现出来，我们听到就会胆战心惊的地震和海啸，属于地壳运动的一种表现形式。

地震，是地壳岩石在地球内力作用下快速破裂错动而引起地表振动或破坏的一种自然现象。按照地震形成原因，地震可分为五种类型：构造地震、火山地震、陷落地震、诱发地震和人工地震，其中构造地震和火山地震是由地球内动力所引起的地壳振动，波及范围深而广，破坏性较大，其他三类为地壳外界因素和人为因素造成，破坏和危害性有限。地震带是地震集中分布的地带，在地震带内地震分布密集；在地震带外，地震分布零散。全球范围内目前已发现五大地震带包括：① 环太平洋岛弧——海沟俯冲带地震带，是太平洋板块与欧亚板块、美洲板块的边界；② 东太平洋转换断层、海沟俯冲带地震带，是太平洋板块与美洲板块的边界；③ 地中海——喜马拉雅地震带（又称欧亚地震带），是欧亚板块与非洲板块、印度洋板块的边界；④ 大西洋洋脊、转换断层地震带，是美洲板块与欧亚板块、非洲板块的边界；⑤ 印度洋洋脊、转换断层地震带，是非洲板块与印度洋板块的边界。在上述全球五大地震带中，约85%的浅源地震和所有的中源和深源地震都发生环太平洋地震带和横贯欧亚的地震带上，二者都处于全球六大岩石圈板块之间的接触带位置，与板块俯冲引，地震频度和强度都较大。中国处于环太平洋地震带和欧亚地震带的交接处，目前已发现5个地震活动区的23条地震带，分别为：① 中国台湾省及其附近海域；② 西南地区，包括西藏、四川西部和云南中西部；③ 西北地区，主要在甘肃河西走廊、青海、宁夏、天山南北麓；④ 华北地区，主要在太行山两侧、汾渭河谷、阴山—燕山一带、山东中部和渤海湾；⑤ 东南沿海的广东、福建等地，其中，中国台湾省位于环太平洋地震带上，西藏、新疆、云南、四川、青海等省区位于欧亚地震带上。

海啸也是地壳运动的一种形式，它是一种由海底地震、火山爆发、海底滑坡或气象变化产生的破坏性海浪，其中60%的海啸是由海底构造地震引发的。全球有记录的海啸80%都发生在环太平洋地区，且大致与地震带一致，日本是全球发生地震海啸并且受害最深的国家。

（2）岩浆作用。

岩浆作用指岩浆物质在形成、运动直到冷凝、结晶形成岩石的过程中，岩浆本身及其对围岩所产生的一系列变化。岩浆是地下深处主要由硅酸盐组成的高温熔融体，并在巨大的压力驱动下向地壳的薄弱地带运移，在其运移过程中，由于物理、化学条件的变化，除岩浆物质自身成分和物理性质发生变化外，还对围岩产生机械挤压并使围岩的物质成分和物理性质发生改变。从岩浆侵入到围岩（未喷出地表）并冷凝结晶形成岩石的全过程，称为侵入作用，所形成的岩石称作侵入岩。将岩浆喷出地表，在地表条件下冷凝形成岩石并使地表形态发生变化的过程称为火山作用（喷出作用），所形成的岩石称作火山岩（喷出岩），如前所述。

（3）变质作用。

变质作用指在地下特定的地质环境中，由于物理、化学条件的改变，使原来的岩石（包括沉积岩、岩浆岩及变质岩）基本在固态下发生物质成分与结构、构造变化，从而形成新岩石的地质作用。将原岩在变质作用过程中新形成的岩石称作变质岩。变质作用通常是在地表以下较高的温度和压力条件下进行的，并且常常有化学活动性流体参加作用。变质作用根据动力来源、作用范围和程度分为五大类型，包括动力变质作用、接触变质作用、区域变质作用、动力—热液混合变质作用和埋藏变质岩等，这里不再详述。

2）外力地质作用

外力地质作用，顾名思义，其动力来自地球外部（太阳能、日月引力能等），主要作用于地壳表层，包括风化、剥蚀、搬运、沉积固结成岩作用等，它们与内力作用共同塑造多种多样的地表形态，如山地、平原、高原、丘陵、盆地等，是改造地壳表面形态的直接动力（地质营力），起到地表形态削高补低的作用。地质营力总是通过一定的介质来起作用的，表层地质作用的地质营力按介质的物理状态（液态、固态、气态）分为三种情况：介质为液态（水）的营力主要有地面流水、地下水、湖泊和海洋；介质为固态的营力主要有冰川；介质为气态的营力主要为大气和风。因此，由这些营力在表层产生的作用分别称为地面流水的地质作用、地下水的地质作用、海洋的地质作用、湖泊的地质作用、冰川的地质作用和风的地质作用等。虽然表层地质作用的营力有多种类型，介质条件差异甚大，地质作用的特点也各不相同，但每种营力一般都按照风化作用、剥蚀作用、溶蚀作用、搬运作用、沉积作用和成岩作用这样的过程进行，这几种作用既代表了表层地质作用的序列，也是表层地质作用的主要类型和沉积环境。

风化作用指在地表或近地表环境下，由于气温、大气、水及生物等因素作用，使地壳或岩石圈的岩石、矿物在原地遭受分解和破坏的地质作用，风化作用使地表岩石变得松软，为剥蚀作用创造条件，是表层作用的前导。

剥蚀作用指各种地质营力（如风、水、冰川等）在其运动过程中对地表岩石产生破坏并将破坏物剥离原地的作用，剥蚀作用不断破坏和剥离地表物质，使地表形态发生改变，形成新的地形，剥蚀作用在地表十分常见，它塑造了地表千姿百态的地貌形态，如风蚀作用可以形成蘑菇石，流水剥蚀作用可以形成沟、谷等。剥蚀作用按方式可分为机械剥蚀作用、化学剥蚀作用和生物剥蚀作用；按地质营力又可分为地面流水、地下水、海洋、湖泊、冰川及风的剥蚀作用等。

搬运作用指经风化作用、剥蚀作用剥离下来的产物，随运动介质从一地搬运到另一地的作用。其与剥蚀作用是紧密联系在一起的，物质剥离原地的同时也是其进入搬运状态的时刻。搬运作用有机械搬运、化学搬运和生物搬运三种方式。不同营力（地面流水、地下水、海洋、冰川、风等）搬运作用的方式、特点也不尽相同，搬运作用是一种中间过程。

沉积作用指各种营力搬运的物质，在介质动能减小或物化条件发生改变以及生物作用下，在新的场所堆积下来的作用。沉积作用的场所通常是能使介质动能减小或物化条件变化的地方，如山坡脚、冲沟口、河口区、海洋、湖泊等。沉积作用也具有机械、化学和生物三种沉积作用方式。按营力又可分为地面流水、地下水、海洋、湖泊、冰川和风的沉积作用。

成岩作用指使松散沉积物固结形成沉积岩的作用。经沉积作用形成的沉积物在适当的条件下（如埋藏一定的深度），在胶结、压实和重结晶的作用下，它们就可固结成沉积岩石。

综上所述，大千世界中那些复杂多样、千奇百怪的地表形态都是地球内力和外力地质作用依靠其鬼斧神工共同创造的产物，内力和外力作用是塑造地球地表形态的两种地质营力，二者相互作用、相互影响。内营力控制着地球表面的基本轮廓，造成地表的起伏，产生隆起和坳陷；外营力则对地表进行夷平，将隆起的部分剥蚀、搬运到地势低洼的地方堆积，起到高山削低、凹地填平的作用。

三、地壳形变的"行迹"：地质构造与地貌

大量研究成果和生活实践已经证实，地壳运动可以引起地震、海陆轮廓的变化、地壳的隆起与坳陷、山脉与海沟的形成，决定外动力地质作用的方式，控制地貌的发育过程，因此地壳运动是使地球或地壳不断发展变化的最重要的一种地质作用。但是，地壳运动的发生远远早于人类的出现，很难再现它们的运动过程，那怎么知道它们曾经的运动情况呢？最直接有效的办法就是观察和研究地壳中岩层的地质构造特征以及相邻地层之间的接触关系和构造地貌特征等，即地质构造与构造地貌是地壳运动留下的重要"行迹"。

① 地质构造：岩层变形与缺失的"行迹"

地质构造主要指组成地壳的岩层和岩体在地球内力地质作用下发生机械运动而变形和变位，形成诸如褶皱、节理、断层、劈理以及其他各种面状和线状构造等几何体或残留下来的形迹，它们统称为地质构造。地质构造是地壳运动的"结果"和"证据"，强调地壳运动在地下岩层中留下的"行迹"。

地质构造有原生构造和次生构造之分。原生构造指岩石或岩层受内力或外力作用而产生的原始状态和面貌，如层理（沉积岩中的成层构造）等；次生构造指岩层在地球内力地质作用下发生机械运动而变形和变位，如褶皱、断层、裂谷、俯冲带等。通常所说的地质构造多指次生构造，其规模大小不一，大的如岩石圈板块构造，小的如矿物晶粒的变形等。根据岩层变形、变位特征及其所呈现变形后的形迹特征和岩层之间的接触关系，将地质构造归纳成五种基本类型：水平构造、倾斜构造、褶皱构造、断裂构造和不整合构造。

1）水平构造

水平构造指原始沉积物呈水平或近水平的岩层，经构造运动后仍呈水平或近水平状态的地质构造形迹。水平构造是水平岩层经垂直运动而未发生褶皱，仍保持水平或近似水平产状者。在未受切割情况下，同一岩层形成高原面或平原面；受到切割而顶部岩层较坚硬时，则形成桌状台地、平顶山或方山；软硬岩层相间时形成层状山丘或构造阶地，例如，丹霞地貌多数都为水平构造。

2）倾斜构造

倾斜构造指原始呈水平或近水平的岩层经构造运动后，改变了原来的水平状态，形成岩层面与水平面间具有一定夹角的地质构造形迹，其岩层称为倾斜岩层。

褶皱、断层或不均匀升降运动都可造成岩层的倾斜。根据组成倾斜岩层的岩层面向，可分为正常层序的倾斜岩层和倒转层序的倾斜岩层。有些在沉积盆地边缘沉积的岩层具有原始倾斜产状。地质学上通常用产状三个要素（走向、倾向和倾角）来表示倾斜岩层在空间上的位置。当岩层倾角达 90° 时，称直立岩层。

3）褶皱构造

褶皱构造指岩层受到垂直压力或水平挤压力而发生各种弯曲。褶皱构造中的单个弯曲称褶曲，表示褶曲空间的形态要素有核部、翼部、枢纽、轴面。

褶皱构造常以褶皱组合的型式出现，但通常是先按每个褶曲形态来划分褶曲。例如，通常按褶曲两翼产状和地层弯曲特征将褶曲划分为背斜和向斜两大基本类型；若按褶曲轴面特征，可分直立褶曲、斜歪褶曲、平卧褶曲及倒转褶曲；按褶曲转折端形态可分为尖棱褶曲、箱形褶曲及扇形褶曲；按褶曲平面长宽比可分为线形褶曲、短轴褶曲和穹隆。褶皱构造的褶皱组合形式指在同一构造运动时期和同一构造应力作用下，成因上有联系的一系列背斜和向斜按照一定的几何规律组合在一起所形成的大型褶皱构造。褶皱组合形式往往反映区域性褶皱的成因、区域应变状态、大地构造属性及地壳运动性质等。目前常见的褶皱剖面组合形式有复背斜和复向斜、隔挡式褶皱、隔槽式褶皱、日耳曼式褶皱；常见褶皱平面组合形式有平行型褶皱、斜列型褶皱和弧型褶皱等。研究褶皱构造具有重要的油气勘探开发意义，因为褶皱构造的轴（核）部往往是矿床富集的地区，向斜区是保存所有沉积矿床的最好构造，背斜区是重要的油气聚集有利场所。

4）断裂构造

断裂构造，就是当地壳运动产生的强大挤压力或张力超过了岩石所能承受的程度，岩体就会破裂，并沿断裂面两侧岩块有明显的错动、位移的地质现象。根据岩石破裂所造成的地质构造形迹可分为节理和断裂两类构造。

节理，就是岩石产生的裂隙两侧岩层没有明显位移的地质现象。按照成因，节理可分为风化节理、原生节理和构造节理三类，其中构造节理最为重要，可分为张节理和剪切节理。研究节理对寻找地下水及各种工程建筑设计等有重要指导意义，同时节理也是岩层最容易被风化侵蚀的地方，容易形成厚层风化壳层，富集一些岩石矿床。断裂构造，就是岩石发生破裂且两侧岩块沿破裂面有明显滑动的地质现象。

断裂构造在地壳中分布极为普遍，既可发育于沉积岩中，也可广泛发育于岩浆岩与变质岩中；断裂构造规模有大有小，巨型的断裂构造可长达上千千米，切穿地壳，进入上地幔，在地面延伸数百千米。

断裂关键要素包括断层面、破碎带、断层线、上盘、下盘和断距（位移）。根据断层面两侧上下盘运动方向，可将其划分为正断层、逆断层和平移断层三种类型。断层常由多条断层呈带状组合在一起，延长可达数百千米至上千千米，形成断裂带，一般与褶皱带伴生。正断层可组合形成阶梯状断层、地堑和地垒等；逆断层可组合形成叠瓦式构造。地堑和地垒表现为由两条或多条正断层（或逆断层）组成，相邻正断层倾向相向，中间断块下降，形成地堑；相邻正断层倾向相背，中间断块相对上升，形成地垒，如汾渭河谷就是新生代形成的大型地堑。阶梯状断层表现为许多条大致平行的正断层倾向一致，断块呈阶梯状排列；叠瓦式构造表现为许多条大致平行的断层倾向一致，老岩层依次逆冲覆盖在新岩层之上，状似叠瓦，它常同强烈褶皱伴生，断层走向与枢纽平行，标志该区经历过强烈挤压。

断裂构造与矿产的关系密切，对矿产的形成和富集可以起到建设性的作用，也可以起到破坏作用。对于沉积矿产来说，大型断陷盆地常有利于煤、石油、盐类矿产的形成。对已形成矿产后期断裂可以切穿矿体，使矿体错动位移，造成矿体的重复和缺失，也可以使矿体流散（石油、天然气等）或使其出露地表而遭受剥蚀。

5）不整合构造

不整合构造主要包括平行不整合构造和角度不整合构造。任何不整合构造都受到沉积和构造作用的双重控制，都是复合成因的，不整合面上下两套地层间是一个重要的时间间断面，具剥蚀、削截和地表暴露性质，沉积作用控制了不整合面上覆底层的形态，构造作用控制了不整合面下伏底层的特征。

受构造运动强度和规模以及海平面升降程度影响，地层不整合构造具有明显的分级性。通常将不整合面划分为四个等级：Ⅰ级不整合为盆地构造旋回的分界面，主要受控于全球大陆或区域板块的拼合和聚敛活动，一般为盆地级别的不整合，也属于一级层序控制界面，相当于巨层序或者巨层序组的边界；Ⅱ级不整合是盆地演化阶段的分界面，与区域构造活动或全球海平面变化有关，一般是盆地级的层序界面，对应超层序或超层序组边界；Ⅲ级不整合是区域型层序内部的分界面，受局部构造活动或区域相对海平面变化影响，为局部构造活动抬升、变形所形成的不整合，分布范围相对较小，相当于三级层序控制边界，对应于层序或层序组边界；Ⅳ级不整合是两个Ⅲ级不整合之间发育的次一级不整合接触面或者沉积间断面，受到沉积物供应速率（构造幕作用）的变化或小的海（湖）面波动控制，对应于层序或准层序组边界。

综上，不整合构造能够反映地质体构造运动的时期和构造运动的性质，不整合面及其不整合面附近的古风化壳是地下水、石油和天然气富集和储存的良好构造部位，在油气地质勘探中经常出现的不整合构造类型为削截不整合、断褶不整合、超覆不整合和底辟不整合等。

❷ 构造地貌：岩层变形的地表形态

构造地貌，一般是指地球表面由内、外力地质作用共同塑造而形成的多种多样的地表形态，如山地或山沟等。

构造地貌与地质构造二者既有联系又有区别。地质构造强调的是由地壳运动造成的变形在地下岩层中的保留形迹，主要由内力作用（主要是地壳运动）导致。但是，构造地貌强调的是岩层运动后的地表形态，强调出露地表的地质构造的地表形态和起伏状况。例如，地下岩层发生弯曲，形成褶皱地质构造，而在地球表面，岩层弯曲造成地表弯曲不平，就形成山地（山脊）或山沟等地貌，这就是构造地貌（图1-5）。同样，地下同一地层相互错位和断裂，形成断层地质构造，而由于出露地表的地层断裂，导致其地表形态下陷，呈现谷地形态，形成断裂谷地的构造地貌。

综上，地质构造的形成初期通常向斜成谷、背斜成山，但在地层抬升到地表并遭受外动力作用的风化、剥蚀后，在野外我们见到的恰恰相反，常见的是背斜成谷、向斜成山，称为地貌倒置。所以，在野外不能只根据地形确定地质构造，要仔细观察地层发育和变形特征。

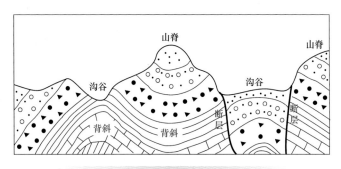

图1-5 地质构造与构造地貌的区别

1）构造地貌分级

构造地貌一般分为三级：第一级为全球构造地貌，包括大陆和海洋；第二级为大地构造地貌，包括山地和平原、高原和盆地；第三级为地质构造地貌，包括方山、单面山、背斜脊、断裂谷等小地貌单元。第一级和第二级属动态构造地貌，其基本轮廓直接由地球内力作用造就；第三级属于狭义的静态构造地貌，多数是地质体和构造的软弱部分受外营力雕琢的结果，如水平岩层地区的构造阶梯、倾斜岩层被侵蚀而成的单面山和猪脊背、褶曲构造区的背斜谷和向斜山，以及断层线崖、断块山地和断陷盆地等都是构造软弱部位的地层遭受外力地质作用的结果。三级构造地貌之间在成因和体系上存在内在联系，低级构造地貌从属于高一级的地貌，构成有规律的构造地貌体系。

2）不同级别构造地貌划分及特征

（1）全球构造地貌划分及特征。

全球构造地貌指由大地构造运动形成并受大地构造控制的地貌。通常根据海岸线，将地球表面构造地貌分成洋底、陆地和大陆边缘三大部分，这三部分在地球表面积中的占比和地壳结构特征明显不同。

（2）大地构造地貌划分及特征。

一定区域范围内具有成因联系的地质构造的组合称大地构造。大地构造地貌指在全球构造地貌背景上（洋底、大陆边缘和陆地），由于区域构造差异而形成的具有区域特征的构造地貌。通常划分三大部分构造地貌，即洋底大地构造地貌、大陆边缘大地构造地貌和陆地大地构造地貌。

① 洋底大地构造地貌特征。

整个洋底大地构造地貌主要包括大洋中脊和洋盆两大基本地貌，洋盆内又包括海岭、深海平原和海沟等次级地貌。

② 大陆边缘大地构造地貌特征。

大陆边缘是大陆与洋底两大台阶面之间的过渡地带，约占海洋总面积的22%。根据新生代板块构造运动与构造地貌特征，大陆边缘可分为大西洋型大陆边缘（又称稳定型大陆边缘）和太平洋型大陆边缘（又称活动大陆边缘）两大类。稳定型大陆边缘以大西洋两侧的美洲和欧洲与非洲大陆边缘较为典型，地形宽缓，基本上无火山活动，也极少有地震活动，一般由大陆架、大陆坡和大陆基等基本构造地貌构成。太平洋型大陆边缘的陆架狭窄，陆坡陡峭，大陆隆不发育，而被海沟取代，可分为海沟—岛弧—边缘盆地系列和海沟直逼陆缘的安第斯型大陆边缘两类，主要分布于太平洋周缘地带，也见于印度洋东北缘等地，是构造运动最强烈的板块边界，世界上60%～70%的活火山以及绝大部分深源地震都分布在这个地带上，同时还有频繁的中、浅源地震。大陆边缘大地构造地貌的形成与板块边界活动密切相关，是洋壳板块与陆壳板块会聚或洋壳两侧陆壳板块碰撞的结果。

③陆地大地构造地貌特征。

陆地内部不同大地构造单元有着不同的发展历史和地貌形态。根据新生代板块构造运动和构造地貌特征，将陆地大地构造分为三大地貌区，即板块边界构造活动带、板块内部构造活动带和板块内部稳定区，不同地貌区之间发育的地貌类型有所不同，最常见的大地构造地貌类型有褶皱山系、大陆裂谷、断块山、褶皱断块山、断陷谷、平原、高原和盆地等。

板块边界构造活动带主要位于地槽区域，其构造地貌主要为褶皱山系和大陆裂谷带，这是陆地上最大的一级地貌单元。

板块内部构造活动带主要发育于板块内部应力薄弱带或断裂带，包括褶皱山、断块山、褶皱断块山和断陷谷。

板块内部稳定区多位于地台区，其构造地貌主要表现为大面积拱起和坳陷，拱起区地形起伏受构造差异活动和侵蚀作用影响较大，多呈现高原、低山丘陵等多种形态；坳陷区若长期接受沉积，则形成广阔的堆积平原和盆地等地貌。其中，盆地对油气成因、形成和分布意义重大。盆地指地貌上四周高、中部低的盆状地形，主要由周围的山地或高原与其内部的平原（或低矮丘陵）或盐沼／湖泊组成，属于地表的"负性区"；盆地以外的山地区是相对"正性区"，属于盆地的剥蚀区或沉积物主要物源区。根据海陆环境，将盆地分为大陆盆地（或陆盆）和海洋盆地（或海盆）两大类。按盆地成因机制，把大陆盆地划分为侵蚀盆地、地貌盆地和构造盆地。侵蚀盆地为主要由冰川、流水、风和岩溶等各种外力侵蚀作用形成的盆地，通常面积较小、低平宽浅，包括向斜盆地、风蚀盆地、溶蚀盆地、河谷盆地、冰蚀盆地等，如滇黔贵地区发育的溶蚀盆地等。地貌盆地表面具有明显凹地，可以有较厚沉积，也可以只有少量沉积物。构造盆地主要由构造差异沉降或断裂运动所形成，其形态和分布主要受构造控制，大中型盆地多数属于构造盆地，如渤海湾断陷盆地、松辽坳陷盆地、吐鲁番地堑盆地、江汉平原盆地、塔里木盆地、准噶尔盆地、柴达木盆地和四川盆地等都属于构造盆地，而国内外已发现的构造盆地几乎都属于沉积盆地。沉积盆地就是地质历史时期的地貌盆地在其形成以后曾经被海水或湖水淹没，并不断接受河流、大气带来的泥沙及水体自身化学沉淀物质的沉积充填，这些沉积物后期被保存下来就形成沉积盆地。大多数沉积盆地的沉积物充填厚度大于1km，其内蕴藏大量矿产资源，可相应称之为含煤盆地或含矿盆地。若沉积盆地在地质历史时期发生过油气生成、运移和聚集，并成为工业性油气田，就称之为含油气盆地。中国松辽、准噶尔、塔里木、四川等盆地，属于大中型含油气盆地，已发现著名的大庆油田、准噶尔油田、轮南—塔中油气田、库车大气田和安岳大气田等。

（3）地质构造地貌单元及特征。

地质构造地貌主要指第三级构造地貌，指在全球构造格局与大地构造背景下，岩层在局地构造作用和外营力共同作用后产生变形变位而形成的地貌，包括水平构造地貌、褶曲构造地貌、断层构造地貌，以及岩浆活动造成的各种侵入体、火山锥和熔岩流地貌和岩性构造地貌等，其驱动力主要来自地球自转离心力和天体引潮力等。

水平岩层构造地貌主要特征是岩石层面产状近于水平（倾角小于5°），具有平顶陡坡的地形特点，包括塔状地貌、阶状地貌、构造高原、台地和方山，主要发育在近水平或倾斜平缓的软硬相间的岩层分布区，受流水的强烈侵蚀切割。褶曲构造地貌指岩层受力弯曲所形成的地貌，分为两类：①单斜地貌，主要指发生在褶曲一翼倾斜岩层上的地貌，包括单面山、猪背脊、单斜谷；②背斜和向斜地貌，包括顺地貌（背斜成山、向斜成谷）、逆地貌（背斜成谷、向斜成山）和单斜构造水系。凡由断层直接或间接形成的地貌都属于断层构造地貌，包括断层崖、断层谷、断层三角面、断层线崖、断陷盆地和断块山地等。凡是由岩浆活动（侵入与喷发）形成的地貌都属于岩浆活动构造地貌，包括火山构造地貌和熔岩流地貌等。

第四节　地壳演变的"记录仪"与"档案史"

地球形成以来，已有46亿年的历史。在这漫长的时间里，地球曾经历了许多重大和复杂的变化。人们研究人类社会的历史有文物可考、有文字可查，而地球本身也有它自己的特殊"记录仪"或"文字"来记载它的历史，这就是留存在地壳中的地层、特殊沉积物、古生物化石和各种各样的构造变动遗迹。因此，根据地壳的地层、特殊矿物、化石和构造变动遗迹，应用辩证唯物主义与历史唯物主义观点和方法进行研究，就可恢复地壳演变的地质发展史或"档案史"。

一、地壳演变的"记录仪"

1 地球上最古老的矿物——锆石

目前在地球上所发现的最古老矿物是来自澳大利亚西部距今43亿—40亿年的锆石，在此之前的地球历史没有任何记录可寻！锆石主要诞生于炙热的岩浆之中，是一种抗腐蚀能力超强的坚硬晶体，常用来测定古代地层的形成时间，是地壳演变史的记录仪。

2014年，美国威斯康星大学地球科学教授约翰·瓦利（John Valley）研究团队在西澳大利亚发现了地球上最古老的晶体碎片——远古锆石晶体。年代测定结果显示，这块锆石晶体已有43.74亿年的历史，它表明该锆石晶体所处的岩石是迄今为止地球上已发现的最古老岩石，这意味着地球开始形成地壳的时间比以前认为的时间早得多，地壳是在45亿年前开始形成的。约翰·瓦利教授认为，这块晶体证实了早期地球和现在的地球并没有什么不同，其环境并不像很多科学家之前预想的那样如地狱般恶劣，并非是一个完全无法生存的地方，可能存在微生物，因为从远古锆石晶体中探测到氧气成分和水分子。科学家们推断，地球的年龄，即原始地球形成的时间一般要比地壳的年龄早，为50亿—70亿年。地球刚诞生时是一个高温炽热的熔岩球，那时并没有地壳，由于当时离太阳比现在近得多，整个地球被太阳的高热光线照射而处于熔融状态，后来由于在绕太阳公转所产生的离心力作用下地球逐渐远离太阳，地球表面逐渐降温并开始凝固，逐渐演变成现在的地壳，地球表面地壳冷却凝固的时间应该早于45亿年，这一地质时期被称为冥古宙，之所以用希腊神话中的冥王来命名，是因为这个时期地球环境如地狱一般恶劣。科学家推测，地壳演化自地壳固化后，大约在距今40亿年才真正进入地质历史演化阶段，即显生宙—太古宙。

② 地球上最古老的生命——叠层石

叠层石是地球上最古老的生命化石，是蓝藻（地球上最早的生命）生活过的"足迹"，属于地球上最古老生命的记录仪。蓝藻也叫蓝细菌、蓝绿藻，是单细胞生物（只有一个细胞的生物），也是原核生物（原核细胞构成的生物），最早诞生于35亿年前的原始海洋中，后来经过沧海桑田的变迁，被固结在石灰岩中而成为化石。叠层石并非生物体的本身化石，而是一类特殊的层纹状的生物沉积结构，主要由蓝藻、少数细菌及其他真核藻类和真菌等小生物群落组成的藻层与碳酸钙矿物交互沉积而成，是生物作用和无机沉积作用的共同产物。多数叠层石藻类生活在元古宙震旦纪晚期，距今18亿—7亿年，属于叠层石最繁盛时期，形态多样，分布广泛，这段时间称为藻类时代。现代（活的）叠层石仅分布于北美巴哈马群岛（BahamaIs.）和澳洲西部的沙克湾（SharkBay）。中国河北、辽宁、四川和塔里木等地在震旦系中发现了丰富的叠层石。叠层石的发现具有重大的科学价值，它们具有生成和储集油气的能力。

二、地壳演变史研究的"三把钥匙"

要想探寻地壳演化历史，必备的"三把钥匙"是地层划分与对比法、岩相古地理分析和构造运动分析。

① 地层划分与对比法——为地层梳理"书页"

地层划分与对比的目的是了解区域地层分布的差异，分析区域地史发展过程，从中找出共性与异性，为地层梳理"书页"。地层划分就是根据地层的特征和属性（如岩性、化石和不整合面等）将零乱的地层整理出上下顺序，划分出不同的等级阶段并确定其时代。地层对比，就是指地层特征或地层位置的相似性，根据所强调内容重点的不同，常见三种对比类型，即岩性对比、含化石层的对比和年代对比。

地层划分主要依据岩石学特征、古生物学特征、地层的构筑特征、地层的接触关系以及其他标志等。岩石学特征包括组成地层岩石的颜色、成分、结构和沉积构造等。古生物学特征主要包括地层中所含的生物化石类别、组合、丰度、分异度、保存状态等，古生物和生物层序律是划分和对比地层的主要依据，地层特定的构筑方式、地层接触关系以及地层的其他物质属性特征（磁性、电性、矿物、地球化学特征、生态特征、同位素年龄）等，均可以作为地层划分的依据。

地层对比，就是将不同地区的地层单位按照岩性、古生物化石等特征作地层层位上的比较研究。地层对比工作按研究范围分世界地层对比、大区域地层对比、区域地层对比和油层对比四类。前两类是以古生物群、岩石绝对年龄测定和古地磁等方法为主的大区域地层对比方法，属于地层学的研究范畴。区域地层对比指在一个油区范围内进行全井段的对比，而油层对比指在一个油田内含油层段的对比，它们是油气田勘探阶段和开发初期经常研究的内容。目前常用的地层对比方法有古生物对比、特殊矿物对比、岩性对比和测井曲线对比法等，实际应用中根据具体情况选择。地层对比必须在地层划分基础上进行，确定不同地区或不同井之间各地层单元之间的时间对应关系。

地层划分与对比是相辅相成、不可分割的整体，合理的地层划分是正确对比地层的基础，只有通过反复对比，才能在一定范围内实现统一的分层。

② 岩相古地理分析法——为地层编译"文字"

岩相古地理能够反映沉积环境的沉积岩岩性和生物群的综合特征，包括岩相（或沉积岩相）和生物相。生物相指反映一定沉积环境的生物群的生态特征，如含大量笔石的笔石相，反映流水不畅的海湾环境；岩相指反映一定沉积环境的岩性特征，包括矿物组成、化学成分、粒度大小、分选性、磨圆度和结构、构造等。生物相和岩相都反映了沉积岩形成时的沉积环境，如浅海三叶虫页岩相标志了其岩性是页岩，内含三叶虫化石，其代表的沉积环境是浅海。

各种沉积物和沉积环境之间都有密切的内在联系。因此，根据沉积环境可以把沉积地层分为海相、过渡相和陆相三类。海相包括滨海相、浅海相、次深海相、深海相和非正常海相；陆相包括河流相、湖沼相、冰川相、沙漠相；过渡相包括陆相三角洲相、潟湖相等。

岩相分析采用现实类比方法，考虑的关键因素是自然界演化的不可逆性、沉积演化时间发生先后次序和沉积物的后生变化等。岩相分析的主要依据是生物化石、岩性特征与结构和特殊矿物。进行岩相分析时需要将标准化石和指相化石结合起来，作为确定地层年代、岩相和重塑古地理环境的重要依据。指相化石（群）指能够代表特殊的地理环境且指示特殊岩相的化石（群），如珊瑚化石指示清澈温暖的浅海环境；破碎的贝壳指示滨海环境；苏铁指示气候湿热；银杏指示气候温和等。岩性特征、结构和构造等是一定环境下沉积物的表现形式，因此是岩相分析的重要根据，例如红色岩层指示氧化环境；含黄铁矿的黑色页岩指示还原环境；交错层、不对称波痕指示流动浅水地区；干裂指示滨海、滨湖环境；鲕状赤铁矿和石灰岩指示温暖气候下的动荡浅海；竹叶状石灰岩指示波浪作用所及的潮上和潮间带、浅海环境或风暴环境等。有些特殊矿物形成于一定环境下，可以起到指相作用，如海绿石指示较深浅海环境；石膏、石盐指示干燥环境；含少量化石的白云岩（指形成于古生代以后者）指示咸化海或潟湖环境。

③ 构造运动分析法——为地层解译"地质事件"

构造运动历史分析目的是研究地壳构造运动的历史及发展规律，以及地质事件的起因、发生和发展，可以根据岩相的垂直变化、岩层厚度、岩层接触关系等重塑地壳构造运动。地质事件指自地球形成以来的地质历史过程中曾稀有的、突然发生的且在短暂时间内完成的全球性重大事变，如全球性的构造运动（造山运动、古陆板块的分离和聚合、海盆的张开和闭合）；生物演化过程中的重大变革（如生物灭绝）；海平面的相对变化（海进和海退）；古气候变迁、古地磁倒转以及陨星冲击地球造成的灾变等。地质事件可以分成地壳外地质事件（发生在宇宙中的各种事件）和地壳内地质事件两类。地壳外地质事件是发生在宇宙间的太阳辐射强度变化、超新星爆发及外星球撞击地球等事件的总称；地壳内地质事件主要指发生于地球内的各种事件，包括生物集群绝灭、地磁极倒转、大规模海平面升降、火山喷发、冰川活动、地磁极移动、沉积环境变化等。地质事件的发生都会在地层中留下痕迹，以此为依据进行对比。地壳的发展是从一个旋回到另一个旋回的过程，每一个旋回所形成的全部地层称为一个构造层。两个构造层之间总是被广泛的区域性不整合所分开。地壳发展的过程根据地槽发育构造旋回、海陆分布、生物演化、岩浆活动的阶段性变化等可以划分为若干个构造旋回，或称构造阶段，如早古生代构造阶段、晚古生代构造阶段、中生代构造阶段和新生代构造阶段。

三、地壳演变的"档案史"

科学家推测，地壳演化大约自其固化后，距今40亿年才真正进入地质历史演化阶段，即显生宙—太古宙，不同地质历史阶段，地壳及其与之相关的水圈、生物圈、大气圈都发生着沧海桑田的变化、物质循环和能量转换，存在明显的阶段性，但又有着千丝万缕的联系或连续性，它们共同书写出一部地壳演化的鸿篇巨制。

① 太古宙：地壳形成，原核生物出现

太古宙是地质年代中最古老、历时最长的一个代，经历了十多亿年（距今38亿—25亿年），可分为早太古代和晚太古代，其界线为距今30亿—29亿年。

在太古宙，古老地球环境总体特征是：地壳运动、岩浆活动和变质作用普遍而强烈，形成薄而活动的原始地壳；大气圈及水体缺氧；海洋占绝对优势，小型花岗岩质陆块小而不稳，沉积分异不充分；海水为酸性矿化水，孕育和诞生了原核生物—原始菌、

藻类；局部小陆块拼合并与上覆喷发和侵入的岩浆一起固结硬化，使地壳向稳定的基底地块发展，形成原始陆核（克拉通或古地盾区，为陆壳发展第一阶段）；地层岩石变质程度较深，富含大量变质铁锰矿床和因岩浆活动形成的金矿，是重要的铁矿成矿期；世界范围内可能存在三次主要构造运动（未确定），中国比较确认的是太古宙晚期的阜平运动。

中国太古宇主要分布于华北及东北南部，构成华北地台的基底，可分为三带：北带（宁夏吉兰泰到冀东燕山，东延至吉林及辽东地区）、中带（吕梁山、太行山和鲁西地区）和南带（关中、豫西、大别山、安徽淮阳地区，分称太华群、登封群、大别群等），主要特征是存在强烈的超基性、基性以及中酸性火山活动，普遍发育因变质作用形成的重要大型铁矿，如鞍山、本溪、吕梁等大铁矿，均产于太古宇中，还有硅铁质沉积或碳酸盐岩，以及石英脉金矿，如山东招远、河北遵化、青龙等地也都产金矿，这主要与太古宇花岗岩侵入有关。国外的太古宇大型铁矿如北美苏必利尔湖铁矿。

❷ 元古宙：藻类繁盛和冰河时期

元古宙为距今 25 亿—6 亿年，共 20 亿年，可划分为古元古代、中元古代和新元古代（表 1-1），对应的地层为古元古界、中元古界、新元古界；其中新元古代后半段，单独划分成震旦纪。

元古宙地壳环境总体呈现以下几点：（1）从缺氧气圈演变为贫氧气圈，出现氧化环境，发育鲕状赤铁矿和硫酸盐等矿物，产生第一批红层建造；（2）由原核生物发展为真核生物，嫌气生物转化为喜氧生物，物种数量增多，出现能进行光合作用与呼吸作用的原始低等植物，普遍发育富含蓝绿藻类群体的叠层石，晚期出现海生无脊椎动物第一次大爆发，如澳洲埃迪卡拉动物群（海绵、水母、节虫、扁虫及软体珊瑚）；（3）由陆核演变为原地台和古地台，该期属于陆壳构造发展的第二个阶段，在中国主要受阜平运动、五台运动、吕梁运动、澄江运动、蓟县运动的影响，北美有克诺勒运动、哈德逊运动、格伦维尔运动、贝尔特运动等。

震旦纪，距今 8 亿—6 亿年，属于新元古代晚期，可分早、晚两个世（Z_1、Z_2）。震旦纪为中国之古称，是从元古宙向古生代寒武纪过渡的一个纪，是全球大陆地壳发展形成稳定古地台时期，全球七大古地台（包括中国华北、塔里木和扬子三大古地台）曾联合组成泛大陆，仅在古地台之间或其周围发育一些相对活动的地带（海槽）。震旦纪也是后生动物大量出现和高级藻类的繁盛期，是寒武纪生物群发展前奏，是最古老埃迪卡拉裸露动物群繁盛时期。埃迪卡拉动物群（Ediacaran biota）是生活在距今 6.8 亿—6 亿年前前寒武纪的一大群软体躯的多细胞无脊椎动物，以腔肠动物门水母类为主，兼有节肢动物门和环节动物门等，它们多数生活在浅海 6～7m 的环境，目前在欧美等地和中国均发现过前寒武纪埃迪卡拉化石。震旦纪也属于全球最古老冰期时期，即震旦纪冰期，包括两期（距今 7.4 亿—7 亿年和 6.5 亿年），在澳大利亚、非洲、南美、北美、欧亚等大陆上普遍发育，中国最早在湖北宜昌南沱发现南沱冰碛层，之后相继在滇、湘、黔、鄂等省区都有发现。震旦纪也是中国沉积矿产的重要成矿期之一，目前在扬子古台地震旦系中已发现安岳大气田，还有陡山沱组的磷矿和湘、鄂一带南沱组的锰矿等。

太古宙—元古宙是中国华北、塔里木和扬子大陆盆地形成的关键时期。华北原地台在古元古代吕梁运动后已经形成稳定基底，其上活动区只限于沉降带（与古陆边缘断裂有关），自新元古代已几乎全部固结，形成相对稳定的华北地台；而扬子原地台和塔里木原地台两侧活动相当强烈，自中元古代起，火山活动频繁，经晋宁或塔里木运动，原地台扩大才发展成为统一的地台或克拉通盆地。受原地台基底结构差异和构造—沉积背景差异影响，三大原地台元古宇的沉积特征及分布规律存在明显差异，导致盆地间超深层油气成藏条件的迥异。目前，中国已在元古宇中发现了大量矿产资源，如铁矿（河北宣化、龙关地区中元古代的宣龙式铁矿）、锰矿（华北地区蓟县式锰矿）、磷矿（苏北地区下元古界变质岩中东海式磷矿）以及华北任丘太古界古潜山油田和四川安岳大气田，元古宇是未来向地球深部进军的重要领域。

③ 古生代：三叶虫、加里东和海西运动时代

古生代距今 6 亿—2.3 亿年，包括寒武纪、奥陶纪、志留纪、泥盆纪、石炭纪和二叠纪，其中寒武纪、奥陶纪、志留纪属于早古生代（Pz_1），泥盆纪、石炭纪和二叠纪属于晚古生代（Pz_2）。早古生代和晚古生代之间地壳的构造活动、气候环境和生物发育特征完全不同。

1）早古生代：三叶虫时代与加里东运动

早古生代（距今 6 亿—4.09 亿年）是动物界第一次大发展时期，可称为海生无脊椎动物时代。寒武纪（距今 6 亿—5.1 亿年）被称为生物大爆炸时代，以大量三叶虫突然出现为标志，又称"三叶虫时代"，其次为腕足类动物和无脊椎动物，如海绵动物、古杯动物、腔肠动物（如珊瑚）、软体动物（如头足类）、环节动物、牙形石、棘皮动物、笔石动物等已出现，最具代表性的是澄江动物群。国际上决定以地层中开始出现小壳化石层位作为寒武系的底界。三叶虫出现于距今 5.7 亿年，在距今 5 亿—4.3 亿年发展到高峰，消亡于距今 2.4 亿年二叠纪末期的二叠纪生物大灭绝事件，前后在地球上生存了 3.2 亿余年，三叶虫约占寒武纪化石保存总数的 60%，是寒武纪的标准化石，其中中华莱得利基虫、德氏虫和蝙蝠虫分别是早、中和晚寒武世的标准化石。澄江动物群化石发现于中国云南澄江帽天山附近，产出地层为云南下寒武统筇竹寺组玉案山段黄绿色粉砂质页岩中，动物的软体附肢构造呈立体保存，是保存完整的寒武纪早期古生物化石

群，于 2012 年 7 月 1 日被正式列入《世界遗产名录》，被称为 "20 世纪最惊人的发现之一"。

早古生代寒武纪—志留纪除了上面提到的大量高级生物，在志留纪末开始出现淡水原始的鱼类无颌类（脊椎动物）和半陆生的裸蕨植物，开启了脊椎动物和陆生植物的新时代。

古生代是动物界第一次大发展时期，这主要与早古生代的气候、古地理格局及构造运动密切相关。早古生代气候总体呈现温暖、干热的气候条件，利于动植物迅速繁殖发展和进化，其中寒武纪大部分地区气候比较温暖、干燥；奥陶纪早、中期气候比较温暖，晚奥陶世末期曾发生过一次大冰期；志留纪初期，除高纬度的冈瓦纳大陆外，其他各板块大都处于温暖和干热气候条件下。奥陶纪末的冰期主要由加里东造山运动引起。加里东造山运动是古生代早期地壳运动的总称，泛指早古生代寒武纪与志留纪之间发生的以升降和褶皱为主的地壳运动，属早古生代的主造山幕，以英国苏格兰的加里东山命名。加里东造山运动引起世界海陆形势的多次调整和变化，大陆分裂引起海侵，大陆合并引起海退，对生物演化造成了重大的影响。奥陶纪受海底广泛扩张影响，大量海生无脊椎动物开始空前繁盛，其中节肢动物三叶虫占绝对优势，约占整个生物化石总数的60%，海生植物这时也有向陆生植物过渡的迹象，如中国寒武系中发现的藻煤，还有腕足类、角石、笔石、鹦鹉螺和珊瑚等成为世界性种类。在志留纪，海生动物受地壳运动和环境突变的影响，进入大陆淡水区域，真正的鱼类——有颌鱼和适于岸边生长的具有水分输导组织的维管束植物诞生了。

早古生代特殊的气候、古地理格局和古生物发育特征造就了其独特的沉积特征和矿产资源。世界许多地区寒武系—奥陶系中都有紫红色氧化圈砾石的砾岩发育，也有岩盐、石膏等蒸发盐及鲕状灰岩、白云岩等存在；志留系中全球广泛发育黑色笔石页岩，成为古生代油气来源的重要贡献者（烃源岩）。云南、四川、贵州、湖北、湖南及安徽等地的下寒武统底部广泛分布的磷矿成为中国重要的磷矿资源。

2）晚古生代：蕨类时代与海西运动

晚古生代（距今 4.09 亿—2.5 亿年）被称为蕨类时代或第一造煤时期。受加里东运动影响，早泥盆世古欧洲与北美合成一块大陆，大陆趋于合并，海退不断发生，整体环境由海向陆转化，许多海生无脊椎动物的居留地消失，它们的种类和数量因而大减，特别是在泥盆纪末期至石炭纪早期之间受超级地幔柱灭绝事件的影响，出现了一次生物集群绝灭事件，导致 82% 的海洋物种灭绝，如三叶虫类减少，笔石类全部绝灭，造礁生物消失，竹节石类、腕足类动物的 3 个目、四射珊瑚 10 多个科灭亡。相反，陆地不断扩大，湖泊、湿地大量出现，为植物 "征服" 大陆提供了条件，许多植物从水生转为陆生，陆生植物日趋繁茂，植物界出现第一次大发展时代——蕨类繁盛时代，各大陆都分布以蕨类为主的大森林，因此泥盆纪又被称为裸蕨时代，但裸蕨不能真正适应大陆环境，其到了泥盆纪晚期完全绝灭。同时，动物界在泥盆纪也发生了一次从水到陆的飞跃发展，即从无脊椎动物到脊椎动物演化，鱼类和无颌类在泥盆纪全盛起来，故称为鱼类时代。石炭纪，总鳍鱼逐渐向两栖类演化，两栖类全盛于石炭纪和二叠纪。中—晚石炭世，随着陆地面积增大，两栖类进化为原始的爬行动物。晚二叠世末（距今约2.5亿年），受地壳海西运动影响，全球海陆格局和气候环境发生突变，并发生了生物史上最严重的生物大灭绝事件，科学家推断这场灾难可能是由持续超过100万年的西伯利亚暗色岩强烈火山喷发活动（地球发生过的最大规模的火山喷发）引发的许多连锁反应（如高温、毒气、酸雨等）造成的，它直接导致地球上95%的生物灭绝，如三叶虫、海蝎和重要珊瑚类群全部消失。

"海西运动"也称华力西运动，是晚古生代所有地壳运动的总称，特别指石炭纪—二叠纪的地壳运动，该期海西运动使许多地槽先后褶皱隆起，并伴随岩浆侵入和火山喷发活动，使原在加里东时期联结在一起的北美古陆和欧洲古陆因乌拉尔地槽褶皱，与西伯利亚板块对接在一起，由分散趋向集中，形成统一的劳亚古陆（又称北方大陆），并与南方的冈瓦纳古陆发生局部连结，但又被一条古地中海所分隔，形成南北连结又对峙的统一大陆——联合古陆（或称泛大陆），古陆内部发生构造分异，发生张裂和坳陷，受多次短暂的海侵，局部存在海陆交互相地层沉积，并伴有大面积的玄武岩喷发活动，而古陆周围被海槽所环绕，沉积巨厚碎屑岩、碳酸盐岩、火山岩等，并伴有广泛的岩浆侵入。综上，晚古生代构造运动强烈，火山喷发活动强烈且持续时间长，海陆格局和生物环境突变，造成多期生物大灭绝事件，海相地层减少，陆相地层和海陆交互相地层相对增多，陆生植物化石大量出现，使得北方大陆形成许多大煤田，而南方大陆发育大面积冰川。科学家们将无脊椎动物（如三叶虫等）绝灭和以松柏类和苏铁类为代表的裸子植物的大量出现作为划分古生代和中生代的标志。海西运动后，全球地势分异明显，气候由湿润转向干燥，生物界进入一个新阶段。

④ 中生代：裸子植物、爬行动物和印支—燕山运动时代

中生代（Mz）距今2.50亿—0.65亿年，包括三叠纪、侏罗纪和白垩纪。中生代地史特征总体呈现以下几点：（1）古地理变化总趋势是古生代形成的泛大陆，特别是冈瓦纳古陆，开始分裂、漂移，逐步解体，新的海洋形成，海槽区出现新褶皱带，沿大断裂发生强烈火山活动，有玄武岩喷发和侵入；（2）大规模构造运动和岩浆活动活跃，三叠纪中—晚期发生印支运动，导致联合古陆形成，侏罗纪—白垩纪发生燕山运动，造就了中国大地构造轮廓和古地理格局，构造由南北分异转为东西分异；（3）气候总体特征由干热向温湿转变，分带明显；（4）生物界发生了新的进化和飞跃，裸子植物（如苏铁、

银杏、松柏等）代替了蕨类植物，爬行动物（如恐龙等）代替了两栖动物，珊瑚和菊石等无脊椎动物进一步发展，但在白垩纪末期（距今约 6500 万年），由于一颗小行星（或彗星）猛烈撞击地球引发地球上气候和环境突变（如低温、无阳光照射等），直接导致地球上 85% 的生物灭绝，恐龙类爬行动物和菊石类也全部绝灭。

综上，中生代的地壳古地理格局、气候环境和古生物发展特征决定其地层的沉积特征和矿产资源与古生代有所不同。中生代大规模的岩浆活动导致其各类岩浆侵入岩大规模发育，金属矿产丰富，如在靠近太平洋东部发育的太平洋内生金属成矿带，形成安山岩、流纹岩及火山碎屑岩，生成了多种有价值的内生金属矿产，如湖北大冶铁矿等。其次，侏罗纪气候湿润、湖沼广布、植物繁茂，为煤的形成提供了原始质料，是中国重要的成煤期之一，也形成了许多白垩系大煤田，在近海及滨海区形成了丰富的石油、天然气及油页岩矿床，如大庆油田等。

⑤ 新生代：被子植物、人类繁殖和喜马拉雅运动时代

新生代（Kz）是地球历史最近 6500 万年的地质时代，包括古近纪、新近纪和第四纪。新生代的地史特征总体呈现以下几点：（1）气候由温湿转变为温湿与两极干冷并存，特别是第四纪经历多次冰期与间冰期的变化；（2）植物界以古近纪被子植物大发展为特征，原动物界以哺乳类空前繁盛为特点，昆虫和鸟类也繁荣，故新生代又称哺乳动物时代，特别重要的是在第四纪出现了人类，这是地球历史上具有重大意义的事件；（3）新生代造山运动强烈，海底继续扩张，澳洲与南极洲分离，东非发生张裂，印度与欧亚大陆碰撞，喜马拉雅运动造成古地中海带（阿尔卑斯—喜马拉雅带）和环太平洋带形成一系列巨大的褶皱山体，而古老地台区发生拱曲、断层等差异性升降运动，造山运动和伴随的海退作用使新生代古地理格局完全不同于中生代，地球上出现横贯东西的山脉，包括欧洲的比利牛斯山脉、阿尔卑斯山脉，以及向东延伸的高加索山脉和喜马拉雅山脉等。

第二章
地壳内油气"诞生之地"

　　油气是这个世界上最重要的资源之一，那么地壳上的石油最早是如何被人们发现的？油气的母源物质是什么？地壳内油气的诞生之地在哪里？油气的"加工厂"是什么？油气是如何形成的？油气的聚集和分布规律是怎样的？以上这些问题一直是世界上所有石油工作者们孜孜探寻的目标。石油勘探就是一个寻找油气田的过程。近一个半世纪的油气勘探开发实践和相关科学研究，人们已经从中总结并提出了一系列生油理论和找油理论。科学理论是人类认识世界和改造世界的指南。科学找油理论就是一部"探秘宝典"，它们是揭开所有隐藏在地壳内油气秘密的"真谛"。下面，就让我们从中选出一些人们最为关注的焦点问题进行揭秘。

CHAPTER

2

第一节　地壳已发现油气分布规律

全球已发现油气资源分布有一定规律可循，有着特殊的"喜好"。

一、区域分布上的"偏爱"

从油气田分布区域看，存在明显的不均衡现象。亚太地区和欧洲地区发现的油气田数量最多，分别占总数的23.5%和19.9%，其次是拉丁美洲、非洲和俄罗斯，占比分别为14.5%、13.3%和12.3%，北美、中东和中亚地区油气田数量最少，仅占7.2%、5.6%和3.6%。

全球已发现油气可采储量在地区上也存在严重的不均衡现象。中东地区可采储量最大，占全球可采储量的36%；其次为俄罗斯、拉丁美（南美）洲，分别占全球可采储量的15%、14%，三者相加占全球全部可采储量的65%。其余大区可采储量占比均在10%以下。

二、盆地类型的"喜好"

全球不同类型含油气盆地中已发现油气田数量和油气可采储量分布也存在严重的不均衡。被动陆缘、前陆、和大陆裂谷这三类盆地油气田数量和油气可采储量规模都稳居前三位（占比分别为34%、25.2%和23%），三者相加后的占比高达82.2%；其次为克拉通盆地和弧后盆地（二者占比的和为15.5%）；弧前盆地数量极少。被动陆缘盆地中的油气可采储量有70%集中在阿拉伯盆地；前陆盆地中的油气可采储量有31.2%分布在东委内瑞拉盆地，其次为扎格罗斯盆地、伏尔加—乌拉尔盆地和阿尔伯塔盆地等；大陆裂谷盆地中的油气可采储量有52%分布于西西伯利亚盆地；克拉通盆地中已发现油气储量的55.4%分布于滨里海和三叠—古达米斯盆地，其次为东西伯利亚盆地、鄂尔多斯盆地、塔里木盆地、四川盆地等。

三、层位或深度上的"钟情"

全球已发现的油气资源在地层层位上的分布从震旦系—第四系都有，但也存在"情有独钟"的现象。全球已发现的石油可采储量中92%～94.8%集中分布于中生界、新生界中，且中生界占优势，只有5.13%～8%分布在前古生界中；而天然气储量则主要位于中生界、古生界，占总储量的90%，且古生界占优势。引起不同地层层位油气分布不均衡的主要原因是由构造活动强度、沉积特征、热流分布、油气生成及演化等差异造成的。

全球已发现油气资源在深度上的分布特征与地层层位类似。中国通常根据钻井深度标准划分油气资源勘探深度，将其划分为中浅层、深层、超深层和特深层，深度界限

（垂深）分别对应为小于 4500m、4500～6000m、6000～9000m 和大于等于 9000m。统计显示，全球已发现石油储量的 87% 位于中浅层，10% 位于深层，不足 3% 位于超深层和特深层。随着油气勘探向深部拓展，深部油气储量会有所增加，但中浅层石油储量的优势格局不会改变。绝大多数天然气储量（80.5%）分布在大于 4500m 的深层—超深层，中浅层相对较少。伴随油气勘探深度加大，深部天然气储量所占比例将会增加。有人甚至预测，在 10～15km 的深度带可能存在一个天然气富集带。

第二节　石油的"真面目"与"母源之争"

石油及其产品在我们日常生活广泛使用，但石油究竟是什么？石油是由什么物质演变而成的？这两个看似简单的问题，却是自石油发现以来石油工作者一直探寻的重大科学问题，本节就来揭秘这两个问题。

一、石油的"真面目"

最初，人们把自然界产出的油状可燃液体矿物称为石油，把可燃气体称为天然气，把固态可燃油质矿物称为沥青。随着对这些矿物的深入研究，认识到石油、天然气和沥青在成因上互有联系，在组成上都属于碳氢化合物，因此将它们统称为石油。

1983 年第 11 届世界石油大会对石油定义为：石油（Petroleum）是自然界中存在于地下的以气态、液态和固态烃类化合物为主，并含有少量杂质的复杂混合物。原油（Crude Oil）是石油的基本类型，存在于地下储层内，在常温、常压条件下呈液态。天然气（Natural Gas）也是石油的主要类型，呈气态，或处于地下储层时溶解在原油内，当采到地面，在常温、常压条件下从原油中分离出来时又呈气态。沥青属于石油的固态衍生物。我们把从油井中采来的未经加工的液态石油称为原油。但在工业界和日常应用中，通常将"原油"与"石油"混用，并不加以区分。

① 石油的"真面目"

石油本质上由碳和氢元素构成，其中碳占 84%～87%，氢占 12%～14%，余下的百分之一是极微量的硫、氧、氮等元素，以及更加微量的金属元素。自然界中，碳和氢可以形成多种化合物或烃类物质，按原子数从少到多排列，有甲烷、乙烷、丙烷、丁烷、戊烷、己烷、庚烷、辛烷、壬烷、癸烷等，所以石油是由多种碳氢化合物组成的复杂混合物，或是由多种烃类化合物和少量非烃类物质组成的混合物。烃类化合物主要包括烷烃类、环烷烃类和芳香烃类；非烃化合物主要为含硫化合物、含氮化合物和含氧化合物等，特别提醒的是硫元素在油田勘探开发中属于有害元素，高硫原油（中国的标准为大于 2%）容易引起油管腐蚀和污染；原油若发出臭鸡蛋味，里面肯定含有硫化氢（剧毒

气体)。

② 油气的"性格差异"

油气勘探开发主要对象是原油和天然气,要在地下深处找寻这两种资源,首先要摸清这两位的"性格特征"及其差异性是什么?

原油和天然气在组成成分上具有亲缘性和相似性,都属于来自地下岩石孔隙中的、以烃类为主体的可燃有机矿产,主要区别在于原油属于包含几乎所有烃类物质和非烃物质的复杂混合物,其分子量大(平均分子量为 75～275),且分子结构复杂;而天然气中仅包含少数几个最简单的烃类成员,分子量小(平均分子量小于 20),且分子结构简单。

原油和天然气最大的差异表现在"状态和性格"上。首先是二者在地下油气藏中的相态不同,天然气基本是只含有极少量液态烃和水的单一气相,或以气相为主并"溶"有少量液态烃;而石油是以液相为主的气、液、固三相混合物。其次,二者的物理特征不同,例如原油具有荧光性,其密度、黏度和吸附性远远大于天然气,而在压缩性、扩散性和溶解度方面,天然气则远大于石油。

统计显示,世界上已探明的天然气储量中,约 90% 都不与石油伴生,而是以纯气藏或凝析气藏的形式出现,形成含气带或含气区,这说明天然气成因和成藏条件与石油的成因和成藏地质条件可能存在明显差异,天然气成藏对储层门限要求远远低于原油,但对封盖层的要求可能高于石油,这些差异造成天然气的分布领域要比石油广,产出的类型和贮集形式也比石油多样,既有与石油聚集形式相似的常规天然气藏,如构造背斜气藏等,又可形成以分散形成分布的煤层气、水封气、气水化合物以及致密砂岩、页岩气等非常规天然气藏,其勘探深度从浅层到地壳深部都有可能找到一定规模的天然气藏。

二、石油的"母源之争"

① 石油的"母源之争"

石油"母源之争"指的是关于油气来源物质和油气生成过程问题的争论。"石油母源"这个专业术语就是"烃源岩"或"生油岩"是什么?"烃源岩"包括油源岩、气源岩和油气源岩。法国石油地质学家 Tissot 曾将烃源岩定义为"富含有机质、大量生成油气与排出油气的岩石。"

关于油气来源物质或油气成因问题,目前主要存在有机起源与无机起源两大派别的对垒。油气成因问题的纷争历程大致经历了四个发展阶段:无机成因说、早期有机成因说、晚期有机成因说以及以晚期有机成因为主兼顾其他成因理论。由于石油工业早期找到的更多的是油，因此早期的油气成因理论更多关注的是原油的成因问题，但现代石油成因理论包括了油和气。进入 20 世纪，因为在石油中找到了生物起源的直接证据，即卟啉和旋光性，所以油气有机成因学说一直占据主导地位，在油气勘探实践中发挥了重要作用，发现了一系列大中型油气田。但是，对石油无机成因的研究也似乎一直在进行着。中国无机成因油气理论的研究走在世界的前沿。科学实践证明，在油气中绝大部分（特别是石油）是有机成因的，然而并不排除在油气中相当多的部分，特别是天然气是无机成因的。无机成因油气论系指油气的组成元素是非生物源的，其形成与生物作用无关，而是无机化学作用的结果。无机成因油气田指其中占绝对优势的组分或各组分均是无机成因的。

② 油气成因各类学说

1）油气无机成因说

无机成因说认为，油气是在地下深处高温、高压下由无机化合物经化学反应形成的。在石油工业发展早期，人们从纯化学角度认为石油是无机成因的，与生物作用无关。20 世纪 30 年代之前"碳化说""岩浆说""宇宙说"曾在油气成因问题上占领支配地位。无机成因说的主要依据为在实验室中，无机物可以合成烃类；火山喷出气体中有甲烷、乙烷等烃类成分；石油的分布常常与深大断裂有关（断开地壳，作为通道）。目前大多数学者比较接受的无机成因观点是地幔脱气说和蛇纹石化费—托合成生油说。

（1）地幔脱气说。

该学说是依据太阳系、地球形成演化的模型提出的，认为地球深部存在着大量甲烷及其他非烃资源，这些甲烷在地球形成时就已存在，大量还原状态的碳是地壳深部被加热而释放出来的；经过地质历史的种种变化，这些甲烷向上运移，并大量聚集在地壳深度为 15km 左右的地带，形成无机成因的油气藏。就目前来说，这种气藏多与沉积岩层有关，但是火山岩气藏正越来越多地被发现。还有一个问题，这些深源气也可能与有机成因气混合。东太平洋、红海、冰岛、中国五大连池、中国云南腾冲等火山区均有这类成因的天然气。前人认为大陆板块边缘褶皱带、大型地壳裂谷、地震活动带、活火山或死火山附近，以及已查明富集油气的线性带的外延部分，均是油气概率极高的地区。苏联科学院地质研究所从大量的地球化学资料中论证了在强还原条件下形成的深源气是氢气、各种烃类气及硫化氢，并认为在上地幔这种特有的温度和压力条件下，液—气相是氢和烃的巨大储气库，地球深源气向地壳表层运移的氢和甲烷的脱气过程受构造控制，深断裂带、裂谷、地堑、拗拉谷、挠折—断层带等均是深源气垂直运移的通道，即"脱气作用管"。

（2）蛇纹石化和费—托合成烃类说。

前人研究认为，地幔脱气生成的 CO_2、CO、H_2 沿破裂带上升到超基性蛇纹岩带，发生费—托合成反应：

$$CO_2 + H_2 \xrightarrow[\quad 300\sim400℃\quad]{Fe、Co、Ni、V(催化)} C_nH_m + H_2O + Q \qquad (2-1)$$

费—托合成反应生成的烃类伴随着岩浆活动（如火山喷发）沿花岗岩缺失的"通道"上升，并运移到储层形成油气藏。以上蛇纹石化和费—托合成反应生成烃类的过程可以形象地描述为：蛇纹石化超基性岩是油气生成的"发生器"，油气的费—托合成反应便在此带发生；沉积盆地内沉积发育孔隙性砂岩和白云岩等储层成为油气的"存储器"；上地幔是油气生成的"原料库"，即 CO_2、CO 和 H_2 的发源地。以上三者，即"原料库""发生器"和"存储器"，对于地壳深部油气成藏缺一不可，同时三者之间还必须有"连接通道"，即断裂的存在。前伦敦皇家学会主席、著名化学家 Robinson 认为，地球上原始石油是 20 亿年前通过费—托合成反应而生成的，只是以后反复经受了"临氢重整"作用，同时加入了数量日益增加的生物物质，主要依据是原油中正构烷烃的分布与费—托合成反应"临氢重整"油中的相同。之后，许多化学家都通过费—托合成反应验证了这一学说的合理性。20 世纪 80 年代，在阿曼地区的地质露头上发现了大量蛇绿岩带橄榄岩的蛇纹石化生成大量氢的现象，有力支持了蛇纹石化和费—托合成烃类说，为油气非生物（无机）生成理论注入了新的活力，使非生物（无机）成因论摆脱了"烃类无法存在于上地幔的高温条件"的困境。

2）油气有机成因说

有机成因说是 18 世纪中叶提出的，基本观点为油气是由分散在地下沉积岩中的植物、动物有机质而形成。有机成因说认为，生成石油的有机质主要来自远古时期的四种生物：细菌、浮游植物、浮游动物、高等植物，这些生物死后，它们尸体的一部分会被氧化分解破坏，但仍然有一部分会在适宜的条件下在泥沙等沉积物中保存下来，随着时间的流逝这些沉积物会越埋越深，在埋藏的过程中这些有机物经历了复杂的生物化学和化学变化，通过腐泥化和腐殖化过程形成了干酪根（Kerogen），随着埋藏深度的进一步加大，在一定的温度和压力条件下干酪根逐步发生催化裂解和热裂解，形成了最初形态的"原石油"。接着这些原石油从生成它们的岩石中溜出来经过初次运移、二次运移，最终在适当的环境下大量聚集，形成油藏，进而被我们所发现、开采和利用。石油有机成因观点已逐步得到地质学家和地球化学家的认同，但对有机质的成烃演化过程历来存在着各种各样的假说和认识。目前公认的油气有机成因说包括：早期有机成因说、晚期干酪根热降解有机成因说和煤成烃等理论。

（1）早期有机成因说。

该学说又被称为"浅成说"，在 20 世纪 50—60 年代初占优势的"蒸馏说""动物说""植物说""动植物混合说"等都属于早期有机成因说，其基本观点为在成岩作用早期阶段，埋深数百米的浅层沉积物中的沉积有机质经细菌生物化学作用转化为石油和天然气。支持这一观点的有利证据是利用先进分析技术在近代沉积物和有关生物体中发现了烃类及有关的化合物。但实际大量油气地化分析发现，早期生成的石油与常规的石油在相对密度、组成、黏度、生物标志物等方面还是有差别的，如现代沉积物中的正构烷烃存在明显的奇偶优势，但绝大多数原油中的正构烷烃却没有奇偶优势，并且大多数原油产自于埋深1000m以深的产层中，而不是产自浅层，因此早期有机成因说不能很好地指导油气勘探实践。

（2）晚期有机成因说。

晚期有机成因说又称为干酪根热降解生烃说，是法国著名地球化学家Tissot等在20世纪70年代初提出的，其基本观点为在成岩作用晚期或后生作用初期，沉积岩中的不溶有机质（干酪根）在埋深达到一定深度、温度条件时（门限值后），干酪根在热力和催化作用下进入热成熟液态窗，经热解生成大量液态石油和天然气（图2-1）。

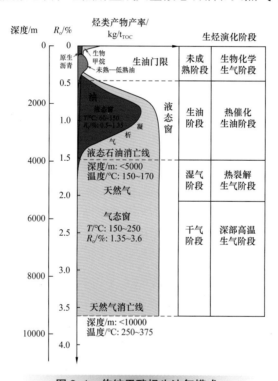

图2-1 传统干酪根生油气模式

晚期有机成因说认为，干酪根是真正的"油气之母"。干酪根（Kerogen）指一切不溶于常规有机溶剂的分散有机质。而与其相对应的是可溶有机质，即那些岩石中可以溶于有机溶剂的聚集型有机质，如沥青。干酪根是沉积有机质的主体，约占总有机质的80%～90%。沉积有机质指生物体及其分泌物和排泄物直接或间接进入沉积物后，或经过生物降解作用和沉积埋藏作用保存在沉积物或沉积岩中，或经过缩聚作用演化生成新的有机化合物及其衍生物，这些有机质通常被称为沉积有机质，主要类型包括类脂化合物、蛋白质、碳水化合物及木质素等，它们都有比较复杂的结构。沉积有机质的最初都来自生物体。浮游植物、浮游生物、细菌以及高等植物等随着埋藏时间的增加逐渐演化为沉积有机质，沉积有机质经历了复杂的生物及化学变化逐渐形成干酪根，成为石油及天然气的先驱，即干酪根是真正的"油气之母"。

干酪根热模拟实验结果显示，油气生成可分为四大阶段（图2-1）：未成熟阶段、生油阶段、湿气阶段和干气阶段，对应的生烃演化阶段分别为生物化学生气阶段、热催化生油气阶段、热裂解生气阶段和深部高温生气阶段。晚期有机成因说认为，促使干酪根向油气转化的决定性因素是温度。时间对温度可以起补偿作用，压力、催化、放射性等因素对该演化过程也有影响；认为不同类型干酪根进入生油阶段所需的温度不一样，生成烃类的产物和数量也不一样；随埋深加大，有机质（干酪根）由成熟过渡到过成熟阶段，已生成的石油发生裂解；由于地壳运动等影响，埋藏深度变浅，达不到油气生成所需温度，成油作用可中断；当埋深再度加大，只要原始干酪根尚未"枯竭"，仍可多次生成大量石油。在干酪根向油气转化的过程中，富含有机质的烃源岩开始大量生成石油所需要的温度，称作生油门限，又叫门限温度；液态石油存在的地温范围称作液态窗，一般为60～150℃，高于该温度界限时液态石油热裂解成天然气，因此该温度线为液态石油消亡线。值得一提的是，不同类型有机质（干酪根）类型因生烃能力差异导致其生油门限温度不同；不同盆地间因地温梯度差异可能造成相同有机质类型的门限温度不同。

干酪根热降解生烃说在油气勘探实践中发挥了重要作用，在世界上前寒武纪—第四纪每个时代的岩层里都发现了油气和一些大型油气田，但是该模式是基于干酪根初次裂解生排烃过程建立，未考虑压力对油二次裂解成气和催化作用的影响以及沉积有机质中一部分可溶有机质对生烃的贡献，还存在一些尚待解决或正在完善中的问题。例如，中国柴达木盆地找到储量超过 $1 \times 10^{11} m^3$ 的大型生物气田，而生物甲烷气具有明显未熟油特征；在塔里木盆地北部获得高产工业油流的轮探1井在8000m的寒武系中仍存在液态的石油。

（3）煤成烃理论。

20世纪40年代，德国学者首先提出了含煤岩系有机质能生成天然气并可能形成气田的假说。20世纪60年代以来，在世界各地相继发现了一批与中生代、新生代煤系地层有关的油气田，这表明，煤和煤系地层不仅能够生成大量的天然气并聚集成天然气藏（田），而且也能形成相当数量的石油并聚集成油藏（田）。20世纪80年代以来，人们通过有机岩石学与地球化学相结合的方法和实验模拟对煤成油问题进行了深入的理论探讨，提出了煤系地层有机质生烃机理和有机质演化模式。

含煤岩系中腐殖型有机质在煤化作用过程中生成的烃类气体（主要为甲烷气体）为天然气的重要组成部分。煤成气主要来源于两类有机岩：富集型有机岩—煤层和分散型有机岩—富含腐殖型（Ⅲ型）的有机质岩层，如碳质泥岩、页岩、砂质泥岩等。以上两类有机质在不同地质演化阶段，从生物化学作用到热化或煤化作用可不断生成烃类气（甲烷及同系物）和非烃气（CO_2、N_2 等），其中未成熟阶段生成生物气（甲烷干气）；成熟阶段生成与"煤成油"相伴生的湿气、凝析气；高熟—过熟阶段生成裂解干气。

煤成气主要赋存于含煤岩系的各类储层中，亦可运移到非煤系储层中；煤成油是煤层和含煤岩系中的有机质在煤化作用过程中生成的液态烃，其成分为多种烷烃、环烷烃和芳香烃的复杂混合物，多为低成熟的轻质油和凝析油，可在特定地质条件下发生运移和储集成藏。对煤成烃的研究具有重大理论与实践意义，对指导油气勘探具有深远影响。

无机说和有机说二者观点并不完全矛盾，实际勘探中既存在无机成因的油气，也存在大量有机成因的油气，它们都是自然界元素不断循环过程中的一种中间产物，二者在生成环境、产出状态上的差异造成被发现的概率不同。另外，石油和天热气的成因要区别对待。大量实例证明石油多数属于有机成因，而天然气可以存在有机成因和无机成因。比如，甲烷可以通过蛇纹石化途径形成，而且无机成因的甲烷及其他气态轻烃目前已经获得油气勘探证实，发现了无机成因的商业气藏，拓展了人类天然气勘探的深度和范围。

3）陆相生油理论

陆相生油理论属于油气有机成因说，这是具有中国特色的生油理论，其由来是经过长期的实践检验得到的。

1914—1916 年，美孚石油公司技术人员在陕北延长县及其周围地区进行石油地质勘查，当钻探宣告失败后，中东、北美、欧洲及苏联学者提出"中国贫油论"观点，认为中国境内大部分地区都是陆相地层，而石油只在海相地层中才能生成，在陆相地层中是不可能形成油藏的，即使有，也绝不可能是具有工业开采价值的。"中国贫油论"一度影响了中国石油地质学界，几乎阻碍了中国石油工业的正常发展。

1959 年，在松辽盆地中新生代陆相沉积地层中钻探了松基 3 井，首次获得工业油流，发现了大庆油田，第一次证实在陆相沉积地层中不仅能生油，而且能够生成大量的油，形成大油田，明确了陆相地层同海相地层一样，都可以生成丰富的石油。陆相生油理论促进中国石油工业的持续发展，继大庆油田之后，在渤海湾地区又相继发现了胜利、大港、辽河等油田，这一理论是中国石油人对世界石油地质学理论的重大贡献。

石油和天然气的成因是一个非常复杂的理论问题，尽管目前油气有机成因理论日臻完善，在油气勘探实践中发挥重要的作用，但并不能由此否定油气无机成因理论的科学价值，应当辩证、科学地看待。在伏尔加—乌拉尔含油区的軛靶隆起处钻的两口井，穿过基底以下 2000～3000m，在前寒武纪花岗岩和变质岩中发现轻质油、沥青和烃气；在科拉半岛上钻的 11.6km 超深井，于结晶岩中发现沥青包裹体和含有高浓度的烃、氮气和氢气的盐水流；在松辽盆地三肇凹陷昌德地区已发现一定规模幔源成因的二氧化碳和烷烃气田，气田分布与深大断裂的走向一致；在塔里木盆地沙参 2 井奥陶系白云岩的高产油气流中氦气含量很高；麦盖提斜坡的麦 3 井石炭系高产油气流中含丰富的氦气。这些均证明深部—上地幔含有丰富的非化石天然气。

第三节 油气"诞生之地"

法国石油地质学家 Perrodon 说过"没有盆地便没有石油"。盆地指地球表面（岩石圈表面）相对长时期沉降的区域，因整个地形外观与盆子相似而得名。也就是说，盆地是基底表面相对于海平面长期洼陷或坳陷并接受沉积物沉积充填的地区。盆地的类型和形成原因很多，主要常见地貌盆地、构造盆地和沉积盆地。前两种盆地类型在第一章已作介绍。沉积盆地就是地质历史时期的地貌盆地在其形成以后曾经被海水或湖水淹没，并不断接受河流、大气带来的泥沙及水体自身化学沉淀物质的沉积充填，这些沉积物后期被保存下来就形成沉积盆地。世界 99% 以上的油气资源是在沉积岩中，那些在非沉积岩中储存的油气也与附近的沉积岩有密切的关系。沉积盆地实际上就是油气的"诞生之地"，即油气主要来源于沉积盆地中的沉积有机质。中国松辽盆地、准噶尔盆地、塔里木盆地、四川盆地等都属于大中型含油气盆地。那么，沉积盆地是如何形成的？沉积盆地与含油气盆地的关系是什么？下面，就让我们来敲开沉积盆地的大门。

一、油气诞生之地：沉积盆地

① 沉积盆地及其矿产资源

沉积盆地指地球历史上长期处于沉降状态并被厚层沉积物充填的盆地。沉积盆地在地球表面分布范围广，面积大于 $1000km^2$、沉积岩厚度大于 1000m 的沉积盆地约有 974个，其中陆上盆地 523 个、海上盆地 451 个，这些沉积盆地中大约 90% 属于中生代、新生代形成的沉积盆地。从盆地总面积占比来看，非洲、亚太、北美地区的盆地面积占比最大，分别占 23%、22% 和 20%；从盆地数量占比看，非洲、亚太、北美地区的占比分别为 33%、17% 和 15%。

沉积盆地是大自然提供给人类能源和矿产资源的最重要的地质体，是一切矿产资源的"温床"。据统计，世界上 90% 的铁矿（包括沉积变质铁矿床）、40%～50% 的铅锌矿、25%～30% 的铜矿以及绝大部分锰矿和铝矿均形成于沉积盆地中；而 99% 以上得煤炭、石油和天然气能源也形成于沉积盆地中。同时，地球本身蕴含的地热能、原子能也主要分布在沉积盆地中。

② 沉积盆地主要类型及特征

前人对含油气盆地（沉积盆地）的分类方案较多，这里不再赘述。目前比较流行的分类方案是根据现今盆地的基本特征、板块构造背景及其形成动力学特征（离散拉张环境和俯冲挤压环境），恢复盆地原始形成期的大地构造位置和环境以及沉积背景，将沉积盆地划分为六种类型，即裂谷盆地、被动大陆边缘盆地、前陆盆地、克拉通盆地、弧后盆地和弧前盆地（图 2-2）。

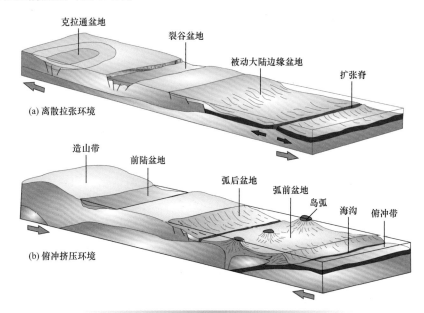

图 2-2　不同类型含油气盆地发育位置及特征

裂谷盆地是陆壳板块内部受区域性张性断裂所控制的纵长形沉降区，其形成往往与岩石圈减薄和张性破裂有关，沉积盖层常具有双层结构，经历早期张性裂陷期的裂谷充填和晚期坳陷阶段的沉积充填，盆地内地温梯度高，裂谷初期常有火山岩喷出，如大庆长垣油田和渤海湾盆地。

被动大陆边缘盆地，也称大陆边缘盆地，位于离散型板块边缘，分布在大西洋沿岸，其形成经历内陆裂谷、陆间裂谷、窄大洋和大西洋四个阶段，下部常为裂谷期陆相沉积，上部为一套进积型浅海碎屑岩、碳酸盐岩生物礁、三角洲和水下扇沉积层序，在被动大陆边缘的滨岸区、陆架区和陆坡区发育良好的含油气盆地，如中国的珠江口盆地和莺歌海—琼东南盆地。

前陆盆地是发育在收缩造山带与相邻克拉通之间、平行于造山带、且呈狭长带状的不对称冲断挠曲带，多形成于挤压性构造环境，造山带一侧常发育逆冲推覆的褶皱—冲断层带，常见沉积组合为洪积—河流—三角洲相和浅海相沉积体系，具有丰富的油气资源，如中国塔里木库车前陆盆地和玉门酒泉民乐前陆盆地。

克拉通盆地指由大陆板块内长时间处于稳定状态或变形很小的稳定块体所形成的面积广、形状不规则、沉降速率相对较慢和以坳陷为主要特征的盆地；该类盆地在地质历史时期多数经历陆核活动带的克拉通化过程（从陆核活动带转变为稳定陆壳的过程），如塔里木盆地和鄂尔多斯盆地在古生代经历克拉通化后演变为克拉通盆地；克拉通盆地可以发育于前寒武系结晶基底的地台之上，或古生界褶皱变质基底之上，多出现于远离板块的边缘地区，其底部为大陆地壳，如四川盆地和华北盆地；克拉通盆地的沉积物以低水位体系域的陆源碎屑沉积和高水位时的碳酸盐岩台地沉积为主；克拉通盆地的后期变形是多期叠置和复合型的，常见隆升剥蚀、褶皱和断裂，如四川盆地和塔里木盆地的下古生界克拉通盆地都遭受过印支、燕山、喜马拉雅等多期活动的影响和改造；克拉通盆地多属于中深—超深层含油气盆地，油气成藏条件优越，常发育多套优质生储盖组合和多种油气圈闭，如塔里木轮南和塔中寒武系油气田、四川盆地安岳震旦系—寒武系气田等。

弧后盆地和弧前盆地常常发育于挤压型盆地——汇聚板块边界及周围，是大洋岩石圈向大陆岩石圈之下俯冲形成沟弧系过程中发育产生的。弧后盆地主要分布于太平洋西部，弧后扩张可形成裂陷盆地、边缘海盆地及弧间盆地等，弧后挤压而转化成为挤压型盆地；弧后剪切作用则形成弧后转换断层盆地，其沉积物来源复杂，主要由陆源物质、远洋物和深海浊流沉积组成，地层厚度接近大陆壳。弧前盆地位于岛弧与海沟之间，其基底性质取决于岛弧与海沟间地壳的性质，可以是陆壳，也可以是洋壳或过渡壳，其沉积物来源于俯冲增生体、火山（岩浆）弧以及大陆补给物。多数弧后盆地和弧前盆地缺少油气成藏的有利地质条件。

二、沉积盆地的"沉浮录"

1 沉积盆地的形成机制

沉积盆地的形成与演化主要受控于全球板块构造演化，不同的板块构造单元决定盆地的性质和盆地油气资源潜力。沉积盆地的成因机制可归结为重力、热力和应力驱动三种模式。重力模式指沉积载荷作用引起岩石圈弯曲而产生坳陷，形成盆地。热力模式指热膨胀引起岩石圈最初隆起并遭受剥蚀，随后的冷却又引起岩石圈下沉而出现坳陷，形成盆地。应力模式指岩石圈分别在三种应力（张力、挤压力和走滑应力）作用下或两种应力联合作用下引起地壳破裂，发生局部沉陷，形成盆地。

2 沉积盆地的"沉浮录"

沉积盆地的"沉浮录"就是一个盆地的形成和演变史。沉积盆地原本是大陆地壳上的一种向壳内凹进的负向构造，最初形成时常为简单的地形洼陷（盆地），主要由于地壳运动造成地下岩层挤压或拉伸，并产生弯曲或断裂，部分岩石隆起或部分岩石下降，而下降的那部分被隆起的部分包围所形成。洼陷一旦形成，在第一时间便会有水和它所携带的泥沙向其倾注，成为一个不断有水和沉积物填充且在水体中不断有生物有机体生长、繁衍和集聚的沉积盆地。沉积盆地的形成和演化通常是一个上百万年或上千万年的地质过程。在这一过程中，它也并非一直处于沉降状态，有时会短暂上升，水体退出，缺失一些地层沉积；有时也会上升一段时间后再行沉降。沉积盆地的规模有大有小，小者也许只有数十或数百平方千米，大者乃至数千或数十万平方千米；盆地内填充的地层厚度一般都有数百至数千米，甚至上万米。

沉积盆地形成初期，其内沉积有机质就开始了生油母质生物有机体的生成和繁衍，当这些生物有机体随着盆地沉降被埋藏到一定深度后，经历腐泥化和腐殖化过程形成干酪根，随着埋藏深度、温度和压力加大，干酪根逐步发生催化裂解和热裂解，完成有机质向向油气的转化。也就是说在盆地形成和演化之时，同时也伴生了油气的形成和转化过程。在地质历史上，盆地形成期的完整结构在后期演化中受构造变形影响和剥蚀破坏，会不同程度地改变原有面貌。若盆地在沉积充填阶段保持盆地初期面貌，就称为同沉积盆地；若改造盆地初期面貌，就称之为后沉积盆地；当改造作用强烈，原沉积盆地大面积被剥蚀后保存下来的盆地，就称之为残留盆地。现今地球表面形成时代较早的盆地都不同程度地经历了一期甚至多期构造变形和剥蚀，有的只相当于原沉积盆地的一小部分。例如，华北石炭纪—二叠纪沉积盆地沉积时面积巨大，中新生代的构造运动使之变形和分割，现今的沁水、大同、京西、太行山东麓直到山东的许多石炭纪—二叠纪含煤盆地都是后沉积盆地，当初是相连的。

三、油气富集之地：含油气盆地

1 含油气盆地及其形成条件

大多数沉积盆地的沉积物充填厚度不小于1km，其内蕴藏大量矿产资源，可相应称之为含煤盆地或含矿盆地。若沉积盆地在地质历史时期发生过油气生成、运移和聚集，并成为工业性油气田，就称之为含油气盆。世界99%以上的油气资源是在沉积岩中，那些在非沉积岩中储存的油气也与附近的沉积岩有密切的关系。中国松辽盆地、准噶尔盆地、塔里木盆地、四川等盆地都属于大中型含油气盆地。

并非所有的沉积盆地都是含油气盆地。一个沉积盆地的形成与演化过程能够决定这个盆地油气勘探潜力的未来。含油气盆地是具备成烃要素、有成烃过程并已经发现有工业价值油气聚集的沉积盆地。也就是说，作为含油气盆地需具有三个必备条件。一是要求为沉积盆地，即在地壳上曾经必须是一个洼陷区，有较厚的沉积岩层分布，曾经历长期、持续、稳定沉降状态，以产生对生油有利的环境；二是要求有成烃条件，即盆地内烃源岩、储层、盖层和圈闭发育，并具有良好的烃源岩、储层和盖层组合，经受一定程度的构造运动，以推动油气运移和形成圈闭，当然，构造运动不能过度强烈，不致破坏油气生成和聚集；三是具有工业油气藏，即盆地内已发一定规模油气田。

② 含油气盆地类型及储量分布

含油气盆地的类型通常按照一个沉积盆地含油气性及其油气可采储量的大小来划分。油气可采储量指在现代工艺技术条件下，能从地下储层中采出的那一部分油气量。可采储量大小取决于探明地质储量和现有经济技术条件，而探明地质储量指在地层原始条件下的油气量。依据油气可采储量，可将含油气盆地划分为：超大型、大型、中型和小型，其可采储量的分界值为：大于等于 500×10^8 bbl、（ $100 \sim 500$ ） $\times 10^8$ bbl、（ $10 \sim 100$ ） $\times 10^8$ bbl 和小于 10×10^8 bbl，其中 1 bbl=157kg=158.98L，原油的密度是 0.99kg/L。

根据 IHS2014 统计，截至 2015 年底，全球已发现含油气盆地中，超大型含油气盆地的数量占比仅为 3% 左右，但已探明的油气储量占比高达 70% 左右；大型含油气盆地的数量占比约为 9%，已探明的油气储量占比约为 20%；这两类盆地合计数量占比约为 12%，而探明的油气储量占比合计约为 90%。全球已探明的油气资源主要集中在超大型和大型含油气盆地之中。

从全球不同类型沉积盆地内已发现油气田的数量占比看，前陆、被动大陆边缘和大陆裂谷这三类盆地占前三，分别占 34%、25.2% 和 23%，三者相加占 82.2%，数量及占比较少的盆地为克拉通盆地、弧后盆地和弧前盆地。受大地构造位置不同，全球不同地区已发现油气田的盆地类型有所不同。非洲地区以裂谷盆地、被动大陆边缘盆地和克拉通盆地内的油气田为主，前陆盆地极少。欧洲、拉美和俄罗斯地区的前陆盆地数量较多，与这些地区的阿尔卑斯褶皱带、安第斯造山带及伏尔加—乌拉尔造山带等有关。东亚、北美和拉美位于太平洋两侧俯冲带前方的弧前盆地内有油气田发现。统计显示，被动陆缘盆地油气最为丰富，已发现可采储量占全球已发现可采储量的 43.3%，其次为前陆盆地和裂谷盆地，可采储量占比分别为 23.1% 和 22.7%，克拉通盆地油气储量较少，仅占 6.2%，弧后盆地和弧前盆地因数量少，油气丰度相对较低，其可采储量也很低。

四、具有中国特色的沉积盆地和含油气盆地

① 中国沉积盆地及含油气盆地结构特征

在漫长的地质历史上，沉积盆地都曾经历了多次构造运动，在不同地区、不同地质历史时期，沉积盆地的发生、发展和消亡也表现出不同的阶段性特点，如华北盆地在寒武纪、奥陶纪为一巨大的克拉通海相沉积盆地，中新生代被分割成若干个内陆断陷湖泊盆地。也就是说，时代、环境、大小不同的沉积盆地可以重叠发育在同一地区。

单层结构式的盆地是极少数的，现今的盆地多数都是多层次结构，它代表不同成盆期形成的盆地，他将这些被保存的沉积层所叠置的综合体称之为叠置盆地，又称"叠

合盆地"。叠合盆地的实质就是指在地壳的某一负向构造单元内，多时代、多类型沉积盆地能够相对集中地发育而形成的沉积盆地，是地壳多旋回构造运动的产物。由于不同成盆阶段的地动力环境不同，应力场的转变、不同构造条件下会产生不同类型、不同力学性质、不同规模、不同方向的沉积盆地，这就使得一个地区不同类型的沉积盆地相互叠置或部分叠置，这些盆地所形成的各个层序具有不同的构造线和构造形式，后期的变形、叠加在前期的变形和盆地上，使之更加复杂。

中国古大陆在七大板块中处于古亚洲洋构造域、特提斯构造域与环太平洋构造域复合作用范围内，在距今50Ma左右，印度大陆与之碰撞，其后发生持续挤压和块体调整，中西部陆内发育前陆盆地，东部则发育伸展裂陷，形成了独具特色的中国叠合型沉积盆地。根据发生叠合的上、下原型盆地的性质，中国的叠合沉积盆地可划分为前陆—克拉通、坳陷—断陷、断陷—克拉通内坳陷、走滑—坳陷叠合共四种基本类型。前陆型叠合盆地以塔里木、四川、准噶尔等盆地为特色，前陆盆地叠置在被动大陆边缘、断陷或坳陷盆地之上；坳陷型盆地以鄂尔多斯、松辽等盆地为代表，其下为裂谷、克拉通内坳陷，其上发育陆内坳陷，边缘有前陆盆地或断陷盆地叠加；断陷型盆地以渤海湾、江汉、苏北—南黄海等盆地为代表，断陷盆地叠置在前期挤压型盆地、坳陷或裂谷之上；走滑型盆地以柴达木盆地为代表，由于边界为压扭性、张扭性断裂，它们的幕式活动导致旁侧不同阶段多种性质的坳陷或断陷的迁移与叠加。由此可见，叠合盆地在不同阶段发育不同性质的原型盆地，在同一时期，还可由多个不同性质的原型盆地相复合，深层发育的地质结构多样。

② 中国沉积盆地及含油气盆地分布特征

中国沉积盆地总面积约为 $345 \times 10^4 km^2$，占国土面积的1/3以上。与世界沉积盆地相比，中国沉积盆地数量极多（236个），但规模总体较小，没有一个是面积超过 $100 \times 10^4 km^2$ 的超巨型盆地，而世界上的超巨型盆地有很多，如西西伯利亚盆地（$230 \times 10^4 km^2$）、波斯湾盆地（$256.5 \times 10^4 km^2$）、墨西哥湾盆地（$153.9 \times 10^4 km^2$）等。中国盆地面积超过 $50 \times 10^4 km^2$ 的巨型盆地的只有塔里木盆地，面积为 $56 \times 10^4 km^2$；面积超过 $10 \times 10^4 km^2$ 的大型盆地有10个，分别是松辽盆地、渤海湾盆地、苏北—南黄海盆地、二连盆地、准噶尔盆地、柴达木盆地、鄂尔多斯盆地、四川盆地、东海陆架盆地、珠江口盆地；其他面积超过 $1 \times 10^4 km^2$ 的有30个，其余的沉积盆地面积皆不足 $1 \times 10^4 km^2$。

中国区域构造分区明显，但各分区在各构造阶段地壳动力条件并非始终如一，且同一地区在不同阶段发育的盆地往往原型不同，油气分区性较强。含油气区指大地构造背景和动力学条件相似的含油气盆地内，以具有相似大地构造背景、动力学条件、沉降机制、盆地演化模式和成油地质条件的区域为范围，且由若干油气聚集带或油气田组成的油气聚集区。中国大陆可划分为东部、西部、中部、北部及南部海域五大油气区，简称

"东南西北中"，又可进行油气亚区划分。"东"就是东海盆地，该区多数属于第三纪大型湖盆，油气资源非常丰富，勘探程度尚低，是中国未来喷射出天然气的远景区。"西"就是西部含油气区，包括新疆的塔里木盆地、吐哈盆地、准噶尔盆地和青海的柴达木盆地，该油气区发育多套优质烃源岩和储层、多个古隆起、多期不整合面及丰富的圈闭，形成多套油气组合，是大型油气聚集带主要发育区，其石油、天然气勘探战火的燎原之势不可阻挡。"中"就是中部油气区，包括鄂尔多斯亚区、川渝亚区和云贵亚区，其区域构造运动相对稳定，是大型油气藏形成的重要场所，如鄂尔多斯盆地和四川盆地都是中国天然气生产的主力地区，未来油气勘探向深层—超深层进军，勘探新发现会再上新台阶。"北"就是东北油气区，包括东北亚区、华北亚区、江淮亚区和华南亚区，多属于中新生代盆地，自北向南依次发育以中生代、新生代湖盆为主的大型油气聚集区，如渤海湾盆地和松辽盆地。"南"就是南部海域油气区，包括渤海亚区、东黄海亚区和南海亚区。以上含油气区的划分与中国在区位上的地理特点是基本相同的。同时，依据每一个含油气区中存在的局域性差异，又被细分为若干亚区，如西部含油气区包括西北和青藏两个亚区；中部含油气区包括鄂尔多斯亚区和云贵川亚区；东部含油气区细分为东北、华北、江淮、华南和海域共五个亚区。

中国油气资源分布分区明显，呈现"东南西北中，各领风骚"趋势，石油资源集中分布在渤海湾、松辽、塔里木、鄂尔多斯、准噶尔、珠江口、柴达木和东海陆架八大盆地，其可采资源量综合占全国的81.13%；天然气资源集中分布在塔里木、四川、鄂尔多斯、东海陆架、柴达木、松辽、莺歌海、琼东南和渤海湾九大盆地，其可采资源量综合占全国的83.64%。

第四节 油气的"造油系统"

沉积盆地是大自然设在地下的一座自动化造油工厂，它具备天然的造油气能力，并具有一套能促使油气发生运移、聚集成藏的智能化"造油综合系统"，主要包括生烃灶及源控系统、生烃过程及控制系统、油气运移及输导系统、油气储存系统、油气藏维护和修复系统。

一、生烃灶及源控系统

一个含油气沉积盆地内最为重要的系统是生烃灶及源控系统，这就好似"原料生产基地与原料"对于一个工厂的重要性及意义。

1 生烃灶——"生油凹陷"

生烃灶，类似于原料"产地"和"加工车间"，即生烃母质发育的场所以及母质向油气转化的环境。不同沉积环境产出的"原料"也不同。如前所述，板块边缘活动带、板块内部的裂谷、坳陷，以及造山带的前陆盆地等在地质历史上曾经发生长期持续下沉的区域，是地壳上油气资源富集的部位。沉积盆地的沉降与充填贯穿于沉积盆地发展演化过程，无论海/湖相泥质生烃母质，还是碳酸盐岩生烃母质，它们的沉积和形成环境都要求盆地气候湿润、生物繁茂、长期处于稳定的补偿状态、水体平稳以及沉积物沉积速度较快等。

沉积区的水体还应具有一定深度，保证沉积环境为一种缺氧的还原环境，有利于有机质的保存。在沉积盆地中，能够满足以上五个条件的沉积区就叫"生油凹陷"，也就是沉积盆地中含油气的凹陷，其环境有利于沉积有机质的堆积、保存、富集和向油气转化，控制含油气盆地内油气的来源位置和油气运移方向，属于含油气盆地的"源控系统"。一个沉积盆地内，生油凹陷可以位于盆地中心，也可以位于盆地的一侧，还可以是若干个分布于盆地各区，具体分布规律要具体情况具体分析。

通常内陆沉积盆地或克拉通盆地的台内裂陷环境是烃源岩发育的最有利环境，其次为水体深度合适和安静的陆棚环境以及富含中高盐度水体的局限—蒸发潟湖环境等。前人对塔里木盆地古生界海相沉积的研究表明，在海相沉积中最有利于烃源岩发育的沉积环境是欠补偿浅水—深水盆地、台缘斜坡、半闭塞—闭塞欠补偿海湾和蒸发潟湖等环境。

生油凹陷的面积与盆地的规模紧密相关，一般大型盆地的生油凹陷面积较大，可以形成丰富的油源。但中小型沉积盆地，若沉积岩系和生油层厚度很大，也可形成丰富的油源。如中国的酒泉盆地面积也较小，但以产出丰富的油气而著称。

❷ 盆地油气控源系统

生烃灶内的烃源岩质量和规模及其成熟度控制整个盆地的油气资源及分布，属于盆地油气控源系统。烃源岩就是生成油气的"原料"，又称"生油岩"，即富含有机质或生烃母质与具有生油气和排除油气能力的岩石，包括油源岩、气源岩和油气源岩。烃源岩的岩石类型、有机质丰度、有机质类型和有机质成熟度直接影响和控制烃源岩的生油气倾向和生烃潜力大小，它们是评判有机质优劣和预测盆地油气资源量规模和勘探潜力大小的关键参数。

1）烃源岩岩石类型

烃源岩岩性总体特征表现为粒细、色暗、富含有机质和微体古生物化石以及分散状的黄铁矿和游离沥青质等。目前认为三类岩石类型可以作为优质烃源岩，即黏土岩类、碳酸盐岩类和煤系地层。黏土岩类烃源岩主要为灰黑、深灰、灰及灰绿色的泥岩、页岩和黏土，沉积形成于水体宁静的还原环境，多为深水湖相环境，其浮游生物和陆源有机质能够伴随黏土矿物大量堆积、埋藏、保存，如松辽盆地白垩系和渤海湾盆地下第三系发育的泥岩和页岩。碳酸盐岩类烃源岩以低能环境下形成的富含有机质的生物灰岩、礁灰岩和泥灰岩为主，如沥青质灰岩、隐晶灰岩、豹斑灰岩、生物灰岩、泥质灰岩等，常含泥质成分。煤系地层指在成煤环境下形成的含煤地层，其内发育的煤层、含煤地层和富含有机质的泥岩都可以成为气源岩和油源岩，含煤层系在中国石炭系—二叠系、侏罗系、古近系中广泛分布。

2）烃源岩有机质丰度

专业上，常用有机质丰度来衡量、评价烃源岩优劣和划分烃源岩等级。有机质丰度指单位质量岩石中有机质的数量。衡量有机质的丰度常用的指标主要为有机碳含量（TOC）、氯仿沥青"A"、总烃（HC）和岩石热解生烃潜量等。

总有机碳含量（TOC）指岩石中所有有机质含有的碳元素的总和，即干酪根中的有机碳加上可溶有机质中的碳占岩石总重量的百分比。值得注意的是，纯泥岩、碳酸盐岩和煤系泥岩（TOC<6%）作为烃源岩的评判标准有所不同。煤系地层作为差烃源岩的指标是 TOC>0.75%，碳酸盐岩成为油源岩的评判指标是 TOC>0.5%，气源岩的指标是 TOC>0.2%，而泥岩作为差油源岩的指标是 TOC>0.4%。

氯仿沥青"A"指用氯仿从岩石中抽提（溶解）出来的有机质，即可溶有机质。总烃（HC）指氯仿沥青"A"中的饱和烃与芳香烃组分之和。岩石热解生烃潜量就是生油岩中的有机质在热解时所产生烃类（油＋气）的总和，即岩石中已存在的残留烃 S_1（即可溶烃，通常温度小于300℃产出的烃）与岩石中干酪根（不溶有机质）在热解过程中生成的烃 S_2 之和（S_1+S_2）。

一般生油岩在相同成熟度和类型条件下，有机质丰度大（有机碳含量高），产油气量就多。因有机碳包括不能用有机溶剂抽提和不能热解生烃的碳，所以有机碳的含量并不绝对反映生油岩潜力的大小，而生烃潜量则是其直接评价生油能力好坏的一个重要指标。

3）烃源岩有机质类型

研究显示，80%～95%的石油烃是由干酪根转化而成。来自不同沉积环境或不同有机质的干酪根，其组成存在明显差别，其性质和生油气潜能也有很大差别。有机质类型是衡量有机质生烃能力的参数，同时也决定其产物是以油为主，还是以气为主。

干酪根指不溶于非氧化的无机酸、碱和有机溶剂的一切有机质，它属于一种高分子聚合物，没有固定的化学成分，主要由碳、氢、氧和少量的硫、氮、磷及微量金属元素等组成。来自不同环境的干酪根，其碳、氢、氧的含量差别较大。通常来自滞水环境（闭塞潟湖、海湾、湖泊）的浮游植物、浮游动物和细菌的干酪根富含脂类化合物，主要组成元素为碳、氢、氧、氮，属于腐泥型有机质，有利于形成成油母质；来自沼泽和湖泊沉积环境的、以高等植物为主的干酪根常以碳水化合物和木质素为主，主要元素为碳、氢、氧，属于腐殖型有机质，是成煤和成气的主要母质，在一定条件下也可以生成液态石油。实际上，在自然界中最常见的有机质类型是腐泥—腐殖混合型干酪根，它是介于腐泥型与腐殖型两类干酪根之间的一种过渡类型，其生油、生气能力的强弱取决于它与腐泥型或腐殖型接近的程度。

目前常用干酪根 H/C 和 O/C 元素分析法来判别干酪根类型。该方法是根据实验室得到的干酪根 H/C 和 O/C 比值大小，将干酪根划分为Ⅰ型、Ⅱ型和Ⅲ型，其中Ⅰ型干酪根主要来源于水生生物，H/C 比大于 1.5，O/C 比小于 0.1，倾向生油；Ⅲ型干酪根主要来源于陆生高等生物，H/C 比小于 1.0，O/C 在 0.2～0.3，倾向生气；Ⅱ型干酪根介于Ⅰ型和Ⅲ型之间，油气共生。

以上三种干酪根在中国各大沉积盆地的不同环境均有发现。通常，在河流、三角洲区形成的页（泥）岩中陆源有机质的含量明显较高，有机质类型通常以Ⅱ型和Ⅲ型干酪根为主；而陆源输入相对较少的浅水陆架、潟湖、次深海、深海盆地中陆源输入有机质的数量相对要少，相应海洋浮游动、植物相对较发育，多发育Ⅰ型干酪根烃源岩；海相碳酸盐岩烃源岩最显著的特点是陆源有机质的输入很少，而主体由海洋浮游动、植物组成，包括各种藻类、细菌和浮游动物，生物种类和数量受温度、压力、水深、盐度及含氧状况等因素影响，其有机质类型通常以Ⅰ型和Ⅱ型干酪根为主。另外，由于在泥盆纪以前，真正的高等植物尚未出现，整个寒武纪、奥陶纪甚至志留纪的生物组合具有海洋环境生物特征，因而泥盆纪以前的烃源岩无论是泥页岩或是碳酸盐岩烃源岩，均表现为Ⅰ型和Ⅱ型干酪根。

另外，一些煤岩学家在显微镜下用反射光观测煤或干酪根的显微组分，将干酪根组分分为腐泥组（藻质体、无定形体）、壳质组（孢粉体、角质体、树脂体、木栓质体、表皮体）、镜质组和惰质组（丝质体）四种，认为以腐泥组为主的干酪根生油潜能最大，其次以壳质组和镜质组为主形成的干酪根具有一定生油潜能，以生气为主，而惰质组的生油气潜能极低。

4）有机质的成熟度

油气虽然是由有机质生成的，但有机质并不等于油气。从有机质到油气需要经过一系列的变化，能够反映和衡量这种变化程度的参数称为有机质成熟度指标。目前判别有机质成熟度的方法和指标较多，最常用的指标有时间—温度指数（TTI）、镜质组反射率（R_o）、孢粉热变指数（TAI）以及一些特殊的生物标志化合物等。

时间—温度指数（TTI）由苏联学者洛帕廷在 1971 年首次提出，后经美国学者魏泊斯（D.W.Waples）在 1980 年发展完善并正式系统介绍和推广应用，用来表示时间与温度两种因素共同对沉积物中有机质热成熟度产生的影响；认为温度与时间在石油生成和破坏过程中属于一对互为补偿的关系，烃源岩有机质成熟度与温度呈指数关系，与时间呈直线关系。通过建立某个研究区地质模型，可计算工区内各生油层和储层的 TTI 值用以判断烃源岩生烃过程已进入到哪个演化阶段，何处何时烃类已经生成，圈出生油窗范围，确定液态烃将会裂解为气态烃的深度，同时评价圈闭的有效性及含油的可能性。

镜质组反射率（R_o）与成岩作用关系密切，伴随热变质作用加深，镜质组反射率稳定增大，并具有相对广泛、稳定的可比性，因此镜质组反射率成为目前应用最为广泛、最为权威的有机质成熟度指标。依据镜质组反射率大小来划分有机质演化阶段，在烃源岩成岩阶段，有机质未成熟，处于生物化学生气阶段，其镜质组反射率 R_o 小于 0.5%；随烃源岩埋深加大，烃源岩进入深成阶段，有机质从低成熟到成熟，进入热催化主要生油阶段，镜质组反射率 R_o 介于 0.5%～1.35%；在有机质进入热裂解生湿气和凝析气阶段时，镜质组反射率增加较快，上升到 2%；直至烃源岩热变质阶段，有机质处于高过成熟的高温生干气阶段，镜质组反射率上升到超过 2%。

孢粉热变指数（TAI）是根据孢粉颜色随烃源岩成熟作用的增强而显示不同颜色。最初是黄色，然后是橘黄色或褐黄色、褐色（深成作用阶段），最后是黑色（准变质作用阶段），以次定性判断烃源岩中有机质的热演变程度。

二、生烃过程及控制系统

油气有机成因说认为，沉积有机质是油气形成的物质基础，而 80% 的油气主要来自沉积有机质中的干酪根，干酪根是生成油气的"母质"。干酪根的生烃（生油气）过程就如同一个工厂不同生产车间对原料的"生产过程"，具有阶段性，要求具备一定的工作流程和外部环境等条件。原料在不同加工阶段，所要求的加工设备、外部环境以及产物不同。同样，干酪根在不同演化阶段，控制其生烃的关键因素不同，所生成的烃类和有关产物的数量和组成也明显不同；另外，干酪根类型不同，不同生烃阶段的外部地质条件、烃类物质及状态以及生烃潜能力也存在明显差异。

1 生烃过程——"原料加工"

不同研究者对有机质演化阶段的划分和油气生成（有机质生烃）过程的总结存在一定的差异，但大同小异。目前比较公认的油气生成的经典模式是 1978 年 Tissot 先生提出的"干酪根热降解生烃"模式（图 2-1）。该模式将干酪根生烃过程划分为四大演化阶段：未成熟阶段、生油阶段、湿气阶段和干气阶段，它们分别对应着有机质的成岩作用、早深成和晚深成（裂解）作用以及变质作用阶段。该模式在世界各国油气勘探中发挥了重要指导作用，但是未考虑干酪根类型和压力对油二次裂解成气的影响以及沉积有机质中部分可溶有机质对生烃的贡献。2019 年，黄第藩先生对"干酪根热降解生烃"模式进行了改进，依据有机质镜质组反射率 R_o 指标，建立和提出了有机质演化的综合模式，将其划分四大阶段，即生物气—未成熟油阶段、成熟生油阶段、高成熟裂生湿气阶段和过成熟生干气阶段，四个阶段演化阶段分别对应的三个镜质组反射率 R_o 门限值为 0.5%、1.2% 和 2.0%，对应的温度约为小于 80℃、150℃ 和 175℃，该模式全面反映了有机质的演化过程，既表示了成气（腐殖化作用）和成油（腐泥化作用）两种极端环境和演化途径的差别，还强调了可溶有机质和腐殖质对成烃作用的贡献，强调了不同类型有机质生烃的差异性，表示了有机质成烃演化阶段性及其相应产物的不同成熟程度，包括未成熟油气。需要强调的是，Tissot 模式和黄第藩先生的模式都是有机质演化的理想和完整模式，具体盆地有机质的演化更加复杂并且不一定完整。另外，有机质演化的四个阶段对于同一层位的有机质是一个曾经经历的演化过程，我们目前只能观察到它演化到现在的状态，无法直接观察它演化的历史过程。同一盆地不同层位的有机质经历的演化阶段是不相同的；同一烃源岩层中的有机质在地质历史上实际上经历了不同阶段；盆地不同部位同一层位有机质可以处于不同的演化阶段；对于剥蚀再埋藏的情况，可能存在"二次生烃"的现象。

② 生烃控制系统——"操作系统"

我们用高压锅炖肉，需要加温、加压以及其他外部条件，温压条件是主控生肉能否转化成熟肉的"控制系统"。任何化学变化的发生都需要一定的条件，油气生成属于一个复杂的化学变化过程，当然也不例外。沉积有机质向油气转化的过程中，也有自己的"操作系统"，包括地温—地压—时间联控作用、厌氧微生物作用、黏土催化剂作用和放射性元素的放射性作用等，其中温度、压力和时间是控制油气生成和聚集的最重要因素之一，特别是温度在有机质向油气转化过程中具有"点石成金"的重要作用，其次，厌氧微生物在油气成藏的影响也不容忽视。

1）地温—地压—时间联控作用

沉积盆地的古地温与盆地的沉降发育史有关，地热与地质时间的综合就是沉积盆地的热演化史。沉积盆地的热演化史控制盆地烃源岩的油气生烃过程、油气成藏过程及其油气分布相态特征。例如，中国地温梯度较高的东部地盆地，在中浅层就可形成工业性油气田，油气共存现象明显，如松辽盆地和渤海湾盆地；而地温梯度较低的西部盆地，中深层是油气勘探的主要目标区，在超过 8000m 深度还有液态石油存在，如塔里木盆地和准噶尔盆地等。沉积有机质向油气演化的过程，同任何化学反应一样，温度是最有效和最持久的作用因素。温度是促使干酪根向油气转化的决定性因素，具有"点石成金"的作用，时间对温度可以起补偿作用。晚期有机成因说认为，不同类型干酪根进入不同生油阶段，所需的温度不一样，生成烃类的产物和数量也不一样。若沉积物埋藏太浅，地温太低，有机质热解生成烃类所需反应时间很长，难以生成工业数量的石油；随着埋藏深度的增大，当温度升高到一定数值，有机质才开始大量转化为石油；随埋深加大，有机质（干酪根）由成熟过渡到过成熟阶段，已生成的石油发生裂解；由于地壳运动等影响，埋藏深度变浅，达不到油气生成所需温度，成油作用可能中断；当埋深再度加大，只要原始干酪根尚未"枯竭"，仍可多次生成大量石油。

由于地层温度与压力这两个物理参数关系密切，沉积物埋深增加，地层沉积物的温度和压力会随之升高，二者对油气的生成、运移、聚集、成藏以及对油气的分布有重要影响，在垂向上可看成是叠合式温压系统，可分为高压型和低压型两种。压力在生烃过程中的主要作用是压力增加会促进或抑制化学反应速率，适度增压将有利于生油过程的进行，促进大分子烃类加氢转化为较小分子的烃类。另外，地层压力的变化即是油气运聚动力来源，在一定地质背景下，压力的分布还会控制油气资源的分布，油气分布与异常压力关系密切，地层异常压力对成藏要素具有明显的控制作用。温度和压力在油气形成和成藏过程的不同阶段所起的作用有所不同。温度主要控制油气的生成和保存，压力主控油气的运聚过程和油气藏稳定保持；气藏多与高压相关，大部分油藏也具异常压力特征。

2）厌氧微生物作用

对油气生成来讲，厌氧细菌的作用功不可没。厌氧微生物大规模地参与了石油和天然气的形成以及成藏过程。微生物为了进行正常的生长与繁殖，从外部沉积有机质中吸取营养，同时在缺乏游离氧的还原条件下，又对有机质进行分解，产生甲烷、氢气、二氧化碳以及有机酸和其他碳氢化合物，导致有机质中的氢发生再分配，加速烃源岩中的有机质向生油气转化。厌氧微生物改造有机质形成石油、天然气是一个自然的过程，它不仅形成了未低熟油，也形成了成熟油和深部天然气藏。微生物作用生成的天然气、煤层气和甲烷水合物在世界各地已成为有商业开采价值的资源。然而，微生物对已成藏的油气资源又具有破坏作用，在储层或油藏中若喜氧与厌氧菌大规模地存在，其石油储量不仅被破坏，而且原油质量也会明显下降。

三、油气输导与运移系统

地下分布着一座座"天然仓库"——圈闭，虽然具备了储藏油气的条件，但仓库里却不一定有油气，只有当油气通过输导系统被运输进来之后，它们才可称为"油气藏"。油气输导与运移系统决定油气藏的命运。

1 输导系统——"三维通道网络"

油气输导系统如连接产品生产车间与产品存储仓库之间的各种运输线或管道，它是连接烃源岩与油气藏之间的各种输导体及其相互之间的组合，其重要任务是确保生烃灶生成的油气能够顺利运输到储存油气的圈闭中。圈闭是一种能阻止油气继续运移并能在其中聚集的场所。油气输导体系实际上属于一个三维通道网络，是由连接烃源岩与圈闭的各种运移通道所组成的输导网络，它不仅在某种程度上决定着含油气盆地内各种圈闭最终能否成为油气藏及油气聚集的数量，而且还决定着油气在地下向何处运移、在何处成藏、成藏规模及成藏类型。

输导系统主要由三类通道构成：具有一定渗透性的连通砂岩层；具有渗透能力的断裂或断裂体系；能使油气运移的不整合面（图2-3）。输导系统往往是两个或几个单一通道（渗透砂岩、断层、不整合面）组成的复式组合。按油气运移的输导层或输导层组合方式不同，输导体系划分为储集岩体型、断裂型、不整合型和复合型疏导系统四大类，复合型可以进一步划分为砂体—断层、砂体—不整合面、不整合面—断层的简单组合，以及砂体—断层—不整合面的复杂组合。

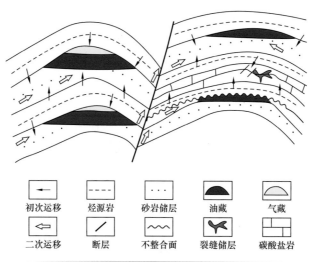

初次运移　烃源岩　砂岩储层　油藏　气藏

二次运移　断层　不整合面　裂缝储层　碳酸盐岩

图 2-3　输导系统内的三类通道示意图

　　储集岩体型疏导系统指具有一定渗透性的连通砂岩层或缝洞型碳酸盐岩储层，主要以连通孔隙作为油气运移通道空间，是油气在地下进行侧向运移最常见的通道，其输导油气能力的强弱取决于储层的孔隙连通性和渗透性。

　　断裂型疏导系统指以断裂带的裂缝系统作为油气运移通道。断层对于油气的聚散具有双重性。断裂通道质量好坏取决于断裂开启程度，若断裂开启程度高，裂缝发育，渗滤空间大，就有利于油气运移。断层开启程度主要受断裂活动强度、断层性质、断裂充填物性质和后期成岩改造作用的影响。活动性断层是油气垂向运移的主要通道，而且断层活动到哪个层位油气就能运移至哪个层位。同时断层又对油气具有侧向遮挡和封闭作用。

　　不整合型疏导系统是油气主要将曾经暴露地表的风化剥蚀面，即不整合面作为运移通道。不整合面运移能力的好坏取决于不整合面风化壳的孔渗性，而风化壳孔渗性受到风化剥蚀的强烈程度以及地表水淋滤洗刷程度的控制。

　　复合型疏导系统指油气运移往往借助几种运移通道组成的复合输导系统进行运移。渗透砂岩、断层、不整合面可以进行任意组合，形成更复杂的油气运移立体输导网络，使油气在地层中能向不同方向、以不同距离进行立体运移。油气运移路径在生烃洼陷附近形成密集的输导网络，而远离生烃洼陷，运移路径逐渐会集，构成油气运移的主通道，与生烃洼陷相联系的"构造脊"是油气运移的主要路径。

② 油气运移——"九曲十八弯"

油气在各种天然因素作用下发生的流动，就称为油气运移。油气运移的基本方式有渗滤和扩散两种，在孔渗性差的致密岩层中主要是扩散流，在孔渗性较好的岩层中主要是达西流，成藏后的扩散流主要表现为油气的散失。油气自烃源岩成熟形成后，就开始进行"九曲十八弯"的运移和旅行。油气运移可大致分为初次运移和二次运移两大阶段。

1）初次运移

初次运移指烃源岩层生成的石油或天然气，向邻近有孔隙、裂缝、溶洞等储集空间的储层运移。初次运移主要发生于烃源岩晚期压实阶段和晚生油阶段，其动力主要来自烃源岩层上覆沉积物的地层静压力，可能还存在地热力和黏土矿物脱水作用，其活动空间主要位于烃源岩层。烃源岩层在受到上覆沉积物的静压力挤压后，致密化严重并产生微裂隙，同时将生成的分散"油滴"或"气泡"随水一起沿微裂隙排挤到邻区孔隙较大的储层中。实验研究显示，初次运移属于幕式排烃过程，即油气不断生成又不断排出，油气运移的载体是孔隙水。通常泥岩和页岩生油层中油气运移呈水溶状，碳酸盐岩生油层中油气运移可能以气溶为主。

2）二次运移

二次运移指油气进入储层后的一切运移，包括油气在储层内部的运移，油气沿断层、不整合面等通道进入另一储层的运移，以及已形成的油气聚集在条件变化时所引起的再次运移。油气聚集就是油气在圈闭中排开孔隙水而积聚起来形成油气藏的过程。油气二次运移中的主要通道有储层的孔隙、裂缝、断层和不整合面以及它们的任意组合。来自生油层的"油滴""气泡"在储层微细且弯曲的喉道中，克服孔隙的毛细管阻力缓慢前行，有时沿着大孔隙、裂缝、溶洞、不整合面和断层高速疾驶，运移距离长短主要受油气输导系统是否畅通控制，可见二次运移的路径和路途可谓是"九曲十八弯"。

油气二次运移的动力主要来自浮力（浮力必须大于毛细管压力）、水动力（地层剩余压力差）、流体势力差、构造运动力和异常压力等。异常压力指地层孔隙内流体所承载的压力大于或小于静水压力时的压力，又称异常高压或低压。异常压力主要由四种原因造成，即压实和排水的不平衡、水热增压、黏土矿物的转化和有机质的热解生烃等。油气二次运移的状态主要为游离相态和水溶相态，主要发生于生油期后的第一次构造运动时期，因为构造运动力是促使油气大规模运移的主要动力。二次油气运移的主要方向是由盆地中心向盆地边缘运移，从凹陷区向隆起区运移。生油坳陷附近的隆起带和斜坡带是油气运移和聚集的最有利区。

四、油气储存系统与油气聚集带

油气储存系统主要指地下油气聚集的场所，又称之为圈闭。圈闭确切的定义就是地下储层中能够阻止油气继续向前运移，并且在其中聚集起来的一种场所，具有"捕获油气"的作用。圈闭主要有三个组成部分：储层、盖层和遮挡物。储层是储存油气的地方；盖层位于储层之上，阻止油气向上运移和逸散；遮挡物常位于储层侧面，阻止油气侧向运移。遮挡物可以是盖层的弯曲变形（比如背斜），也可以是封闭性的断层或者非渗透性的岩层（如不整合地层）。

① 储层——"容纳和渗滤"功能

储层指能够容纳和渗滤流体的岩层，即具备储集和渗流油气的能力。储层的作用类似大型豪华别墅内"过道"的作用，既是通道又可容纳和放置物品。储层不一定都有油气。如果储层储集了油气，就称为含油气层；已开采的含油气层叫作产层。中国分布最广和最重要储油气层的岩石类型主要包括碎屑岩、碳酸盐岩、特殊岩类三大类，常见砂岩类、砾岩类、碳酸盐岩类，此外还有火山岩、变质岩、泥岩等。

1）碎屑岩储层

碎屑岩储层的岩石类型主要包括：砾岩，含砾砂岩，中、粗砂岩，细砂岩、粉砂岩以及火山碎屑岩，其中物性最好的是中—细砂岩和粗粉砂岩。碎屑岩储层主要发育于陆相盆地，储层砂体沉积类型主要为河流相、三角洲相、扇三角洲相、近岸水下扇相、湖底扇相、滩坝相及冲积扇等沉积环境。

碎屑岩储层的储集空间主要为原生粒间孔隙、次生溶蚀孔或洞，以及裂缝等，沉积相是控制储层孔隙发育和物性好坏最基本的因素，其次为成岩作用和后期构造运动改造。碎屑岩的成岩作用主要为压实作用、胶结作用和溶蚀作用等，前两者对储层孔隙是减少作用，后者通常是改善增孔作用。

中国各地质年代地层中碎屑岩含油气储层主要分布于中生界、新生界，上古生界中也有少部分。三叠系储层在鄂尔多斯盆地、塔里木盆地、准噶尔盆地、四川盆地和吐哈盆地的河流—三角洲相砂岩储层中发现了大型油气田；侏罗系储层在吐哈、准噶尔、塔里木、鄂尔多斯等扇三角洲和辫状河三角洲相砂体中发现高产油井。火山碎屑岩储层在中国各年代地层中均有分布，特别是在东部中、新生代陆相沉积盆地更是广泛发育，目前已在二连盆地、松辽盆地和四川盆地等发现一定规模的气田。

2）碳酸盐岩油气储层

碳酸盐岩储层的岩石岩性以粒屑灰岩、生物骨架灰岩和白云岩为主。

碳酸盐岩储层类型多样，常按储集空间划分为四大类：

（1）孔隙型储层（包括孔隙—裂缝性），储集空间以原生和次生的粒间、粒内、晶间孔为主，裂缝次之，其岩石类型多为高能水体环境沉积的颗粒灰 / 白云岩、鲕粒灰 / 白云岩、碎屑白云岩、生物碎屑和粒晶灰岩及白云岩等。

（2）溶蚀型储层，储集空间以溶蚀孔隙、洞构成的缝洞网络系统为主，分布于不整合面和大断裂带附近，特别是古风化壳和古岩溶附近。

（3）裂缝型储层，储集空间以纵横交错的裂缝网为主，岩石类型以致密的白云岩化灰岩和白云岩为主，原始孔渗性极低。

（4）复合型储层，储集空间主要由孔、洞、缝任意两种或三种组合构成的网络系统，易于形成储量大、产量高的大型油气田。影响碳酸盐岩油气储层质量的主要因素是岩性、岩相、早期白云岩化、地下水溶蚀程度和活跃程度以及后期构造裂缝发育程度等。

中国碳酸盐岩含油气储层以中—新元古界和古生界居多，中生界和元古宇次之，沉积环境海陆相兼有，以海相储层居多。元古宇—古生界的碳酸盐岩储层均属于海相碳酸盐岩；中生界以海相为主，少数为陆相；新生界则以陆相（湖相碳酸盐岩）为主。碳酸盐岩油气储层在中国分布广泛，主要分布在四川、渤海湾、鄂尔多斯、塔里木、珠江口、苏北、柴达木等含油气盆地，其中在四川盆地的震旦系—下古生界碳酸盐岩储层已发现多个大型气田，在鄂尔多斯盆地奥陶系马家沟组也发现大气田，而在塔里木盆地奥陶系和寒武系碳酸盐岩储层中发现大型油气田。

3）特殊岩类油气层

特殊岩类油气层主要指岩浆岩及变质岩等。岩浆岩储集岩的岩石类型主要为辉绿岩、玄武岩、安山岩、流纹岩、岩浆岩及变质岩油气储层脉岩等；变质岩储层的岩石类型有千枚岩、板岩、片麻岩、混合岩、变粒岩和变质石英砂岩等。近年来中国在准噶尔、渤海湾等盆地，苏北、四川雅安等地区油气勘探中发现了变质岩及火山岩储层的油气聚集带。

② 盖层——"密实的大被子"

油气储存在储层的孔隙中，由于油气的密度较小，在浮力作用下会有向上流动而冲出"单间"的冲动。这时候如果没有"大被子"的阻挡，油气一定会冲出"单间"，一直逸散到地表。在圈闭系统中，盖层就具备"天花板"的作用，就是一种位于储层之上、能够阻止油气向上逸散的细粒、致密岩层，也习惯地叫作（封）盖层。

盖层的岩石类型按岩性特征可分为泥页岩类、蒸发岩类和致密灰岩类三种。泥质岩盖层包括泥岩、页岩、含砂泥岩、钙质泥岩等，粒度细、致密、渗透性低具有可塑性、吸附性和膨胀性等特性，是良好的盖层岩性。蒸发岩盖层主要包括盐岩和膏岩，属于封堵性能最理想的盖层，其中盐岩具有不可压缩性和可塑性，其可塑性和封闭能力随埋深加大而增加；浅层石膏岩与浅层盐岩的可塑性相近，也可成为良好的盖层，随埋深的增加，特别在 1000m 以下，石膏会失去结晶水转化为硬石膏，成为良好的封盖层。按盖层与储层的配置关系和规模，盖层可分为区域性盖层和局部盖层，其中区域性盖层能够控制油气田的油气纵向分布及其丰度，局部盖层控制油气藏的规模与丰度。统计显示，中国储量大于 $100 \times 10^8 m^3$ 的天然气藏中，泥质岩盖层占 79%，膏盐岩类占 21%。除常见的泥质岩及蒸发岩盖层外，还有致密碳酸盐岩、铝土岩和火山岩等岩性地层可作为盖层。如鄂尔多斯盆地发育碳酸盐岩盖层，陕甘宁盆地冀中凹陷发育铝土岩盖层，渤海湾盆地辽河断陷东部凹陷荣兴屯构造发育玄武岩盖层。

③ 有效圈闭——"储存仓"

圈闭是地下油气聚集的"储存仓"，但并不是所有的"仓"都能够捕获到油气。只有那些内部聚集了油气、并具有统一压力系统和统一（气）水界面的圈闭才被称之为有效圈闭或"油气藏"，否则为"无效圈闭"。衡量一个圈闭优劣的三大要素是有效圈闭的最大有效容积、圈闭内储层厚度及孔隙性能，以及盖层及上倾方面遮挡物的封闭性。

一个圈闭的最大有效容积一般使用溢出点、闭合度和闭合面积来度量。溢出点就是油气充满圈闭后开始流出的点。闭合度就是圈闭的最高点与溢出点之间的海拔高差。闭合面积就是通过溢出点的储层顶面构造等高线所圈出的面积，也称为圈闭的面积。

一个圈闭成为一个大容积有效圈闭的四大必要条件是：临近油源区，且位于油气运移的通道上，具有优先捕获油气的能力；形成时间早于或同步于油气大规模运聚时间；闭合高度必须大于油水倾斜面的高度或油水过渡带的高度，否则油气易被流动的水冲走，无法产出纯油气；盖层封闭性好，保存条件优越。综上，一个大型油气藏形成的基本条件是容积大、近油源、早形成、闭合度大和保存好。

圈闭或油气藏的分类方案有上百种，主要分类依据为圈闭成因、油气藏形态、遮挡物类型、储层或流体相态类型等，目前最简单且形象的分类是根据遮挡物类型分成四类，即构造圈闭（以盖层的褶皱弯曲变形为遮挡物）、断层圈闭（以断层为侧向遮挡物）、地层圈闭（以地层不整合为顶部或侧部遮挡物）以及岩性圈闭（以岩性突变为遮挡物）。

④ 油气聚集带——"群英荟萃"

油气在单一圈闭中的聚集形成油气藏，而在同一局部构造面积内、受同一构造运动所控制的、上下叠置的若干个油气藏的总和就形成了油气田，类似于"同胞兄弟姐妹"组成一个大家庭。

油气田的分布不是孤立的，在发现某个油气田后，经常在其相邻的圈闭（横向上或纵向上）中可发现新的油气田，或者在钻井过程中见到油气显示，油气分布呈现出平面成排成带、纵向相互叠置的宏观格局。油气聚集带指在同一个二级构造带或岩性岩相变化带中、一组相邻的、构造条件相似的、互有成因联系的一系列油气田的总和。一个油气聚集带中不仅是几个局部圈闭含油，而是整个圈闭群或圈闭组普遍含油，并具有共同的油气聚集过程和油气特征，可谓"群英荟萃"，各领风骚。

1）单一圈闭内油气聚集特征——"上气、中油、下水"

油气在单一圈闭内的聚集过程是一个复杂的过程，主要受圈闭几何特征、储层孔渗性、地下流体力学和相态、运动强度和流体驱动力等影响。该阶段油气的聚集主要是在渗滤作用和排替作用的共同作用下，或以浮力为动力向上倾方向发生渐进式缓慢充注和运移，或以异常高压为动力发生快速幕式充注和运移，初期圈闭流态分布整体表现为上气、中油、下水状态，伴随油气运移继续，气占据上部，气顶体积增大，油被挤出，直到天然气占据全部圈闭。

2）系列圈闭中油气聚集特征——"差异聚集"

当盆地中存在多个水力学上相互连通的圈闭，且来自下倾方向的油气源充足时，油气在这一系列圈闭中聚集，沿运移方向各圈闭中发生烃类相态及性质的规律性变化，这种现象称为油气差异聚集。油气差异聚集的最终结果是天然气位于靠近油源区一侧的圈闭中，向上倾方向依次为油气藏、纯油藏和空圈闭。这一原理指明了油气运移的方向和路线，为选择勘探对象提供了重要依据。

油气差异聚集模式是一种理想化的状态，只发生在特定的地质背景下，要求区域性地层倾斜、发育良好的可供长距离运移的疏导系统、相连通的圈闭溢出点依次增高、油气源充足且供源方向和油气运移方向只有一个。由上可见，发生油气差异聚集所要求地质条件苛刻，地下影响差异聚集的地质因素很多，例如油气供给来源、后期地壳运动造成、区域水动力条件以及油气藏温压变化等。目前在系列圈闭中已发现的油气差异聚集模式主要有三种：溢出型、盖层渗漏型和生物降解型，受各类地质因素影响，三者最终在油气差异运聚方向上，各圈闭中流体相态及性质和变化规律存在差异（图 2-4）。

3）油气聚集带油气分布特征——"多元共控"

油气聚集带概念是 H.M. 古勃金在 20 世纪 30 年代首先提出的，认为构造带控制油气聚集，并一直被后来的石油地质学家提倡和继承。A.A. 巴基洛夫通过研究世界上已发现的油气聚集带的分布规律和形成原因，将油气聚集带按成因划分为五大类：构造类油气聚集带、生物礁油气聚集带、岩性类油气聚集带、地层类油气聚集带和复式油气聚集带，该分类方案比较具体实用，几乎概括了世界上已发现的各种油气聚集带类型，在实际中使用广泛。

构造类油气聚集带在世界上分布最广泛，包括地台区的长垣隆起油气聚集带、地台区古隆起油气聚集带、褶皱区隆起式复背斜油气聚集带、断裂油气聚集带、盐丘（泥丘）构造油气聚集带等。深大断裂带油气聚集带的油气藏常呈网栅状和花状串珠分布，油气水关系复杂。

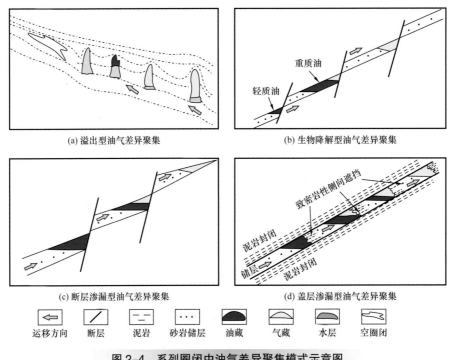

(a) 溢出型油气差异聚集　　　　　　　　　　(b) 生物降解型油气差异聚集

(c) 断层渗漏型油气差异聚集　　　　　　　　(d) 盖层渗漏型油气差异聚集

←	/	- -	· · ·	●	◣	◢	✦
运移方向	断层	泥岩	砂岩储层	油藏	气藏	水层	空圈闭

图 2-4　系列圈闭中油气差异聚集模式示意图

　　生物礁油气聚集带主要分布于地台边缘或凹陷边缘，油气藏群呈带状分布，平面上呈环带状沿台缘带分布。如四川盆地长兴—飞仙关组油气聚集带、塔中奥陶系良里塔格组礁滩体等。

　　岩性类油气聚集带多分布在古隆起的边缘和区域性坳陷的斜坡上，与古海岸线、古河道、三角洲等沉积相变有关，其形成过程中岩性与地层因素起到了几乎相等的作用，它的原始沉积背景往往是砂岩尖灭带，后期受到剥蚀削截，并被不渗透层再次沉积覆盖，其油气成藏条件优越，往往多层系含油、油气富集程度高，可形成多类型岩性地层油气藏大面积叠加连片分布。

　　地层类油气聚集带形成于区域性角度不整合面下，不整合面上有良好的盖层，往往需要一定的构造背景，有时也与同沉积的火山岩系有关，与构造类油气聚集带关系密切，如中国辽河西部凹陷兴隆台潜山、大民屯太古宇变质岩潜山、冀中坳陷长洋淀中新元古界碳酸盐岩潜山等。这些勘探成果揭示"隐蔽型"潜山内幕存在多套储盖组合，发育多套油水系统，深层潜山亦可规模成藏。

　　复式油气聚集带主要受二级构造带、断裂构造带、区域地层超覆带、区域岩性尖灭带与物性变化带、地层不整合和多结构层系控制。复式油气聚集区带常常形成以某一含油气层系和某一种油气藏类型为主，以其他层系和类型的油气藏为辅，多种类型油气藏叠置连片，如中国渤海湾盆地北大港断裂构造复式油气聚集带。

5 **油气藏破坏与修复系统**

油气藏形成后，其生命轨迹并不总是一帆风顺。伴随地壳构造运动升降、沉积盆地沉浮、地下岩浆活动以及地下流体和微生物等作用，其演化过程复杂。

1）油气藏被破坏——"身不由己"

油气藏按照其形成之后是否被改造，可分为原生油气藏和次生油气藏。原生油气藏就是油气经初次运移和二次运移，由分散到集中，在圈闭中第一次聚集起来形成的油气藏；或者在生油气层系中形成的油气藏。次生油气藏就是原生油气藏遭到破坏，油气运移到新的圈闭中重新聚集形成的油气藏；或者在非生油层系中形成的油气藏。

根据油气藏生成前后的深度变化，油气藏类型可分为浅成浅埋型、浅成深埋型、浅备深成型和深层成藏型。不论其深度是否变化，只要油气藏形成之后，其成藏三个关键要素（盖层、圈闭、遮挡物）中的任何一个或其中的某些条件受到破坏，油气便会部分散逸或荡然无存，其中最主要的是圈闭的完整性。若地壳运动破坏了圈闭的完整性，就直接导致了油气的散溢或使油气遭到氧化；若在褶皱地区地层水对油气藏起到冲刷作用，就会致使气藏内含有氧增高原油被冲刷逸散，从而会破坏油气藏的完整性。断层是构造运动破坏油气藏封闭性最常见的一种因素，特别是那些在油气藏形成以后产生的大型断层，以及早上覆盖层厚度，水文地质保期断层后期又有继承性活动的开启性断层常是最重要的破坏因素。另外，保存条件以及圈闭所处的区域构造位置等对油气藏保存也有一定的影响。地面上出现的一些油气显示或迹象都属于指示地下油气藏被破坏的证据，如油苗、气苗、含油岩石和含沥青岩石、泥火山和固体沥青液体等。泥火山是一种特殊的高压天然气气苗，携带着地下水和泥沙，有时有少量石油，沿断裂或裂隙喷出地表，其泥沙喷出后即堆积在溢出口附近，酷似火山，故称泥火山。固体沥青液体就是石油失去烃质组分后的残余物经氧化变质作用，即形成各种各样的沥青。

2）油气二次成藏——"自我救赎"

中国多数含油气盆地属于构造多旋回叠合盆地，通常具有四个基本特点：每个时代盆地形成的动力机制和结构特点不同；发育多时代、多套烃源岩，各时代烃源岩的成熟生烃历史不同，具有多个生、排烃期和多个成藏期；不同时代烃源岩生烃产物在各时代储层中混合聚集，纵向上有多套含油气层系，可以划分为多套生储盖组合；各生储盖组合的油气分布特点差异显著。例如，塔里木盆地、鄂尔多斯盆地、四川盆地经历了古生界克拉通盆地和中、新生界前陆盆地两个发展阶段，且古生界和中生界都有生烃和油气储集条件，是典型的叠合盆地；渤海湾盆地虽然以古近系生烃为主，但古生界和中生界也证实具有一定的生烃条件，而且该盆地油气分布时代跨度很大，从太古宇—新近系都有工业油气聚集，因而也属于叠合盆地。如果有某个地质历史时期，发生地壳大规模隆升，那么早期形成的油气藏就会遭受大规模破坏，这些被破坏的油气藏是否能够"自我救赎"？答案是在一定条件下，完全可以二次成藏。

如果油气在充注成藏过程中被地壳上升作用所打断，即烃源岩生产车间被停滞运转，摆在已经生成油气面前的命运有多条：位于运输路径或管道的油气要么按原通道砥砺前行，要么临时改道运往其他仓库；位于原储存仓库中的油气产品伴随地壳上升，因圈闭溢出点变小而惨遭破坏并被驱赶，部分油气产品被转移到新仓库，或者被赶出圈闭而流失，仅有小部分残留在原仓库内。

如果油气藏在惨遭抬升破坏后又被"平反昭雪"，伴随地壳运动再沉降，那么被叫停的烃源岩生产车间就会再次启动，生烃作用可以继续进行，开始"二次生烃"，该时期烃源岩也许会因埋深增大由原生产原油，改为生产天然气。同时，在原生产车间附近可能会新增一批油气原料生产车间（叠合盆地内多套烃源岩开始进入生烃阶段），并大规模进入生烃阶段，旧的疏导管线上又新增一批新管线，或者老的主导管线延入新管网中，并与新运输线连接、并网，在新仓库中，新老油气产品可以"共储一室"，也可以"分居"，从而使得被破坏的油气藏再次"二次成藏"。

第三章
地壳深部油气探秘之旅

　　世界油气勘探领域正经历着大变革，从常规油气资源到非常规油气资源，从陆地到海洋，从中深层到深层、超深层，从中浅水到深水、超深水，从常规地带到极端地带，已经成为世界油气勘探的趋势，未来油气勘探将不断向更细、更广和更深领域发展。10年来，中国石油加大了深层—超深层的油气勘探和钻探，大于6000m的超深层钻探井数逐年增多，相继在四川盆地威远—安岳地区、塔里木盆地塔北—塔中、塔河和顺北地区以及鄂尔多斯的下古生界至中—新元古界获得重大油气突破，已突破传统石油地质理论所推断的5000m的液态烃亡线和储层致密线范围。

　　对于人类，探秘地壳深部油气的愿望早在19世纪科幻小说《地心游记》就有表达，在20世纪60年代美国和苏联就启动地壳探测计划，苏联最早在大陆上钻探了全世界最深的科拉超深钻孔钻，中国也在1996年于德国、美国一道发起了国际大陆科学钻探计划（ICDP），并于2001实施"大别—苏鲁"大陆超深钻探工程（5158m），随后完钻松科二井等。地壳深部对于人类来说，目前仍然是一个充满神秘色彩的"潘多拉魔盒"。传统地质理论已无法回答地壳深部是否存在大型油气田、成因机制、成烃和成藏过程以及分布规律等一系列科学问题。另外，探寻地壳深部油气奥秘的研究目前还存在一系列实质性难题，例如，可供研究的深部资料少且品质差，目前实验室软硬件条件无法满足地系高温高压和流体介质所要求的环境与中浅层完全不同，缺乏超深层高温高压下的钻探、测试技术及相关装备等。纵观世界大国，各项深地探测计划正在分步实施，深地探测俨然成为了当下前瞻性战略目标点，地心争夺战早已打响。习近平总书记在2016年全国科技创新大会上指出，"向地球深部进军是我们必须解决的战略科技问题"。尽管地壳深部油气的探秘之路充满荆棘和困惑，"路漫漫其修远兮，吾将上下而求索"。结合国家发展需要，围绕中国在2017年提出的"深地计划"，以"透视地球、深掘资源、扩展空间"为目标，结合多学科交叉融合，通过实施万米科学钻探、大量科学实验研究以及工程技术等联合攻关，揭开地壳深部奥秘的未来充满曙光，打开地壳深部油气大门指日可待。

CHAPTER 3

第一节　地壳深部探秘的里程碑

在探秘地壳深部的过程中，人类已经开启"深地计划"之旅，当今正行进在"向地球深部进军"的路上。要像电影《地心历险记》那样，深入地幔、地核中，真正意义上做到透视地球，或许还需要数十年、数百年的时间，但当今人类已经克服了难以想象的困难，创造了一个又一个里程碑和奇迹。

一、地壳深部有多深

关于深层的定义，国际上尚没有严格的标准，不同国家、不同机构对深层的定义并不相同。目前国际上大致将埋深大于15000ft（4500m）的油气藏定义为深层油气藏。

中国在2005年全国矿产储量委员会颁发的《石油天然气储量计算规范》，将埋深在3500～4500m范围的油气藏定义为深层油气藏；大于4500m的定义为超深层油气藏。

中国钻井工程则根据钻井难度和钻探深度，将钻探垂直深度在4500～6000m的井定义为深层井，将钻探垂直深度大于6000m的井归为超深井。

现今埋深介于3500～4500m的油气藏定义为深层油气藏；将现今埋深大于4500m的油气藏划归为超深层油气藏；对于中西部油气区，埋深介于4500～6000m的油气藏定义为深层，大于6000m的油气藏划归为超深层油气藏，超过9000m为特深井。页岩气的埋深大于3500m为深层。

现今油气藏的埋深并不能代表该油气藏在不同地质时代的最大埋深，分析目前已发现的深层—超深层油气藏的成因、演化历程和成藏特征，认为它们多数都经历过一个复杂多变的形成演化过程，一般经历过中—深层形成、中—深部保存或深部改造抬升后中浅层保存的演变过程，现今属于"中浅层"或"中深层"的中—新元古代油气藏在地质历史的某个时期有可能跨入"超深层"行列，此"油气藏"非彼"油气藏"。

为了更科学地研究超深层油气藏的油气成因及来源、生烃演化环境和油气聚集过程，地球化学和石油地质专家们将"超深层"的含义外延到古老地层，将由前寒气系和中新元古界发育形成的油气藏全部划归为"超深层"行列，其深度不受限定。近10年，中国石油在塔里木盆地和四川盆地的油气重要发现大多属于深—超深层范畴，如四川盆地的威远—安岳大气田震旦系和寒武系气藏的埋深在5500～6800m左右，塔里木盆地的塔北和塔中地区震旦—寒武系油气藏的钻探深度在8200m以上。

有人作过估算，认为世界各盆地中4500m以深可能进行石油勘探的面积约为$1600 \times 10^4 km^2$，在地球上沉积岩层越厚的地方，深部找到石油和天然气的希望越大。石油勘探的实践也证明，一个产油区内，在它的浅部或深部都有可能发现新的油气层，尤其在深部，找到新油气层的希望就更大。一些石油地质学家估计80%的油气田下面都有尚未发现的油气层存在。

二、探秘的里程碑

大陆科学钻探工程始于 20 世纪 60 年代初，苏联地质学家 H.A. 别里亚耶夫斯基等人根据深部地球物理资料提出，为获取整个地壳剖面，至少要在全球 6 个地区打超深井。20 世纪末一些先行者开始向地球深处"进军"，开创了许多探秘地壳深部的里程碑。1961 年，美国开始实施"莫霍面计划"；第二年，苏联也提出了"莫霍钻探计划"；1977 年德国提出"大陆深钻计划 KTB 项目"；1983 年中国正式加入"国际岩石圈计划"（ILP），这是一个跨学科、多学科的全球合作研究计划，其主题是"岩石圈的动力学和演化地球资源的格架及灾害的减轻"，目的是加强应用领域和基础研究的地球科学家之间的交流和合作，以及为寻找和获得更多的非再生性能源和矿物资源提供理论基础和技术。1996 年，国际大陆科学钻探计划（ICDP）正式成立，更多国家开始参与制定并组织实施科学钻探，加入国际大陆科学钻探计划中来。此时，各国争先恐后的重要原因在于以深井油气钻探装备为依托的大陆科学钻探工程在一定程度上反映了一个国家的经济实力和科技发展水平。这是一场科技竞赛，谁也轻易不敢掉队。

1 苏联科拉超深钻井——"独占鳌头"

20 世纪 60 年代，美国和苏联展开了关于深地探测的军备竞赛，谁先钻井达到莫霍洛维奇间断面（地壳与上地幔的分界面），谁就能拔得这场竞赛的头筹。1961 年，美国开始实施"莫霍面计划"，第二年，苏联也提出了"莫霍钻探计划"。但好景不长，由于钻探计划的实际花费和需要解决的技术难题远超想象，美国于 1966 年停止了该计划。为了和美国竞赛，苏联在位于科拉半岛西北部的盆地地底建立深部实验室，负责地面钻井工作，打算开探出世界上最深的超深钻井。1970 年 5 月 24 日，一个巨型钻机的轰鸣声打破了西伯利亚荒原的宁静，一项被称为"地球望远镜"的超深钻井实验正式开钻，参与这次钻探的科学家都是地质研究领域的精英，他们用了 20 多年的时间，钻探出了当时世界最深的钻井——科拉超深钻井 SG-3 钻孔，创下了 12262m 的记录，虽然相比于地壳厚度显得微不足道，但这已经是 20 世纪人类力所能及的最大钻井深度，标志着人类对地球内部的勘测进入了新时代。科拉超深钻井 SG-3 钻孔的开钻于 1970 年，停钻于 1994 年，除去中途停钻时间，钻探工期整整用了将近 20 年时间，其钻探过程并非一帆风顺。SG-3 钻孔在 1970 年刚开始的钻探工作十分顺利，当钻头钻至地下 7000m 时，遇到了一种非常坚硬的层状岩石，进度缓慢，且钻头经常卡钻，当采用更换马达牙轮钻头、使用冲洗液为钻头降温和润滑后才得以继续钻探；当钻孔深度达到 12066m 时，钻探工作被暂停；次年 6 月恢复钻探，但随后 6 年里一共只钻探了不到 200m，1994 年在钻探至 12262m 时，工程被彻底叫停，并用约 10t 的钢制井盖将井口牢牢封死，并告知这里将永远不被打开。截至 2016 年，科拉超深钻井 SG-3 钻孔的垂直钻孔深度仍然独占鳌头，是人类挖过的垂直深度最深的井。

科拉超深钻井 SG-3 钻孔虽然没有钻穿地壳，可能相对于地球赤道直径 12756km，其 12262m 仅是地球直径的千分之一，就好比我们削梨皮，科拉超深钻井的深度和梨皮的是一样的，但是该钻探具有划时代的意义，俄罗斯科学家将其比作继空间站、深海勘探船之后的第三大科研成果。

通过 SG-3 钻孔，首先获得了超深地层的岩心，发现了 20 亿年前的生物化石，发现火成岩比预估的要厚得多，预计在 4500m 左右遇到太古宇，实际上在 6800m 才遇到，这一成果为地下超深层地层地质结构和沉积序列研究奠定了科学基础；其次在超深地层的 9500m，发现了一套含有黄金和钻石的地层，其金含量高达 80g/t，而地球表层中很少能找到金含量超过 10 g/t 的矿层，可以说是发现了一个大型金矿。科拉超深钻井 SG-3 钻孔最重要的成果是在 7000～8000m 深的岩层洞中发现了很多矿化水和大量温度达 150℃ 的二氧化碳、氦、氢和碳氢化合物气体，揭示超深地层中可能存在烃类化合物，值得深入探索和研究；同时在 11000m 并未钻遇到康拉德面（地壳花岗岩与深部玄武岩的交界处），而过去来自物探探测的地震波传播速度突变的康拉德面的深度大约在 7000m，由此苏联科学家认为在 4700m 以下，用折射波识别地震波折射和多种岩石结构的单道地震速率来划分层位是错误的。科拉超深钻井 SG-3 钻孔成果直接向水热矿床和油气形成的传统理论提出了新挑战。

② 德国大陆深钻计划项目（KTB）——"齐心协力"

德国大陆深钻计划项目（简称 KTB）的目的是通过施工科学超深井获取地学信息，进行关于地壳较深部位的物理、化学状态和过程的基础研究和评价，了解内陆地壳的结构、成分、动力学和演变。这项计划 1977 年提出，经过 10 年考察、论证、选址，最后于 1987 年 9 月 18 日在德国巴伐利亚州上普法尔茨开钻，至 1989 年 4 月 4 日完成先导孔（4000m）施工，并于 1990 年 10 月 6 日—1994 年 10 月 12 日完成主孔施工，钻孔深度 9101m，为全球第二超深孔。

KTB 这项综合性大工程历时近 15 年，耗资 5.278 亿马克，德国几乎所有与地质、钻井和测井有关的科研机构、大学和公司都参与了此项工程，同时来自其他 12 个国家 400 多位科学家共同执行了 200 多项地学研究项目。该项工程成果斐然，主要体现在科学、工程和技术等方面。

KTB 项目在科学技术方面成果斐然，获得了钻探区地下 9100m 以浅各种岩石类型的物理参数，弄清了深部岩层中地震反射体的本质，有助于提高该区地球物理资料解释精度；发现地壳深部超过 8000m 处存在大量卤水和大量自由流体存在，流体主要活动在断层和微破裂中，其渗透率大小比致密岩石的渗透率高几个量级，表明地壳深部超过 8000m 处存在天然气藏形成的物质基础（甲烷含量在 80% 以上），断层和裂缝破碎带的渗透性较好；证实实验室得出的磷灰石裂变径迹随温度升高而变化的结论，为后续油气成藏定年研究打下了基础。

KTB 项目在技术方面的成就主要体现在：开发了多项钻井及测井技术，并优选出适用于结晶岩区钻井和测井技术；改造老式复印机，开发出岩心表面制成像技术；研制开发出多种分析仪器，提高了人类社会快速定量分析气体、液体和固体样的能力。

③ 中国大陆深钻和深测计划——"方兴未艾"

1997 年中国正式启动"国际大陆深钻计划"，在选址方面做了大量研究工作，目前中国实施完成的"国际大陆深钻计划"的大陆科学钻探井有 4 个，包括江苏东海 CCSD-1 井、青海湖科学钻探（CESD）、大陆科学钻探项目、汶川科钻。为进一步揭示中国大陆岩石圈结构、活动过程与动力学机制，把握地壳活动脉搏，开辟深层找矿新空间，为国家安全了解深部物性参数，为实现能源与重要矿产资源重大突破、提升地质灾害监测预警能力，2008 中国启动"地球深部探测专项"计划，由国土资源部组织实施，中国地球深部探测的"入地"计划的"集结号"已经吹响，中国大陆深钻计划和深地探测计划正处于"方兴未艾"阶段。

1）江苏东海科钻一井（CCSD-1）

江苏东海 CCSD-1 井揭开中国深部地质勘探新篇章。1997 年在青岛举行了"大别—苏鲁超高压变质带大陆科学钻探选址国际研讨会"，最后确定在江苏东海县境内实施中国大陆科学钻探的钻孔位置——科钻一井（CCSD-1），其钻探目的主要是：钻孔位于被视为世界罕见的超高压变质作用地带，又处于中国南北两板块会聚之间的造山带东段，对地学研究有重要意义；研究已发现来自地壳深部超高压矿物，如柯石英、微粒金刚石等的折返地质过程；超高压带有可能形成大型超高压矿床的战略远景区；钻孔邻近 1668 年曾发生 8.5 级特大地震的郯庐断裂带，有助于研究和监测地震；在 5000m 深孔结晶岩中施工，将首次创造和积累全孔取心钻进与测井技术经验，并验证地球物理数据等。"科钻一井"于 2001 年 8 月开钻，2005 年 3 月终孔深度 5158m 的主孔工程竣工，于 2007 年年底顺利完成全部取心施工任务，通过国家验收，被誉为中国陆深钻第一井。"科钻一井"在中国大陆科学钻探工程取得了重要的创新性成果，建立 5km 的地层对比"金柱子"，首次在国内完成长井段岩心深度和方位测井归位和结晶岩区的三维地震探测，揭示了钻区附近精细的地壳结构等。

2）松辽松科二井（SK-2）

松辽盆地"中国白垩纪大陆科学钻探松科 1 井"为环境地质科学研究获取了丰富翔实的信息，同时也为大庆油田寻找浅层气研究提供了实物资料。2007 年，中国在松辽盆地成功实施了全球第一口陆相白垩纪科学钻探井松科一井（SK-1），井钻探工程于 2006 年 8 月开钻，2007 年 10 月完钻，井深达 1810m，连续获取岩心 2485.89m，取心率达 96.46%。2014 年 4 月 13 日，松科二井（SK-2）顺利开钻，历时 4 年多时间，完钻井深 7018m，成为国际大陆科学钻探计划（ICDP）成立 22 年来实施的最深钻井，也是亚洲第一深的科学钻探井。

松辽盆地大陆科学钻探工程的实施，获取了大量地壳深部资料，实现了"两井四孔、万米连续取心"的世界纪录，建立起中国白垩系对比的"金柱子"，为发展中国区域性和全球地层对比研究提供了重要的陆相"标尺"；获取了白垩纪亚洲东部高分辨率气候环境变化记录；同时发现了松辽盆地深部 4400～7018m 的深度范围内发育的大套页岩气层系以及 150～241℃高温干热岩体和两层高放射性异常岩层，热流值为 84mW/m²，展示松辽盆地具有良好的页岩气和干热岩地热的开发利用前景。最为重要的是，在松科二井（SK-2）深钻项目实施过程中，一批随钻科学研究项目针对现场钻探技术需求紧锣密鼓进行科学攻关，研发了"地壳一号"万米大陆科学钻探专用钻机及关键技术装备，研发了深部取心关键技术和特殊泥浆的配置等，形成了具有中国特色和自主知识产权的高性能深部科学钻探装备和配套装置，填补了在超深孔科学钻探钻机领域的空白，全面提升了钻机整机及关键部件的设计和加工水平，为中国深部探测工程的顺利实施提供了装备保证。

第二节　探秘地壳深部油气的挑战

地壳深部油气的生成及运聚对于人类好似一个"潘多拉魔盒"，虽然对地壳深部的油气勘探已开启，但地壳深部高温高压以及流体性质与中浅层完全不同，传统公认的石油地质理论和地震方法及技术、钻探和测试等技术，已完全不能适应和满足深层—超深层油气勘探的需要，人类向地球深部进军将会面临许多难以想象的挑战。

一、地壳深部油气发现知多少

迄今，全球已发现埋深大于 6000m 的工业性油气田 163 个，其中元古宇烃源岩工业性油气田 / 藏 200 多个，主要分布在被动陆缘、前陆盆地和裂谷盆地和克拉通盆地的奥陶系至中—新元古界中，如中东阿拉伯台盆、滨里海盆地盐下、阿姆河盆地盐下、塔里木盆地台盆区、四川盆地、鄂尔多斯盆地等。研究显示，全球埋深大于 6000m 的油气田中探明石油剩余可采储量约为 $105 \times 10^8 t$，占石油总可采储量的 4.45%；探明天然气剩余可采储量 $70 \times 10^8 t$ 油当量，占天然气总可采储量的 4.71%，超深层和中—新元古界海相油气勘探已成为全球未来关注的重点领域。

① 全球地壳深部油气发现现状

美国超过 6000m 的生产井近 1000 口，其中 52 口的钻探深度超过 7500m，且钻探成功率达到了 50%。美国墨西哥湾 Tiber 油田属于全球最深的油田，深度 8740m，探明

可采储量 $4.5 \times 10^8 t$ ；美国的 Mills Ranch 气田为全球最深气田，深度 7663～8087m，探明可采储量 $365 \times 10^8 m^3$ ；美国雪佛龙公司在墨西哥湾"古近系区"的 Jack 和 St. Malo 油气发现是目前已发现埋深最大的油气藏，其中 Jack 油气田埋深为 8839m，油气地质储量为 $6821 \times 10^4 t$ 油当量，测试产量为 818t/d。俄罗斯 Yurubchen-Tokhom 油田为全球最古老油田，烃源岩年龄约为 11.2 亿年，探明储量 $3.6 \times 10^8 t$ 。目前在东西伯利亚盆地的新元古界—下寒武统已发现 7 个大型油气田，探明可采原油 $5.1 \times 10^8 t$ 、气 $3.0 \times 10^{12} m^3$ 。澳大利亚拥有全球最古老气田 Glyde 气田，烃源岩年龄 16.4 亿年，探明储量 $3207 \times 10^8 m^3$ 。阿曼 90% 以上现有石油产量均来自新元古界—下寒武统烃源岩。印度的巴格哈瓦拉油田的新元古界—寒武系拥有石油地质储量约 $6.28 \times 10^8 bbl$ 。

② 中国地壳深部油气勘探现状

中国元古宇—下古生界古老油气系统资源丰富，资源探明率较低，其中石油占 17.5%，天然气占 21.1%，具有一定勘探前景。近年，中国石油天然气集团有限公司在塔里木、四川和鄂尔多斯三大盆地深层—超深层的油气勘探成果喜人。塔里木油田 2020 年底完钻 7000m 以上井 471 口，8000m 以上井 10 口，相继在塔北、塔中、塔河和顺北地区都取得重大油气发现，轮探 1 井完钻于 8882m，在新元古界震旦系发现低产气层，寒武系获高产工业油气流，日产油 $133.46 m^3$ ，日产天然气 $4.87 \times 10^4 m^3$ ；四川盆地在深层—超深层发现了普光、元坝、龙岗、威远和安岳等大气田，其中超深层新元古界安岳震旦系大气田的累计探明储量近 $1.04 \times 10^{12} m^3$ ；鄂尔多斯盆地发现靖边奥陶系气田，在北部伊盟地区锦 13 井在中元古界长城系砂岩获日产 $2.397 \times 10^4 m^3$ 的工业气流，并在中部和南部发现长城系崔庄组暗色泥岩和多套气测异常砂岩段；还有准噶尔盆地的呼图壁和玛湖地区、松辽盆地的徐家围子等地区都相继在深层—超深层取得油气勘探发现。以上油气勘探实践展示，中国三大克拉通盆地内中—新元古界或超深层具有一定勘探前景。但是，深层—超深层油气勘探同样面临许多理论和技术。

二、探秘地壳深部油气面临的挑战

中国地壳深部高温高压以及流体性质与中浅层完全不同，传统公认的地球化学和石油地质理论，以及重力、磁力和地震方法和技术、钻探和测试等技术已完全不能适应和满足深层—超深层油气勘探的需要，主要面临以下四大困境和挑战。

① 深部研究资料匮乏

"巧媳妇难为无米之炊"。地壳深部超深层及中—新元古界时代老、埋深大，且勘探程度低，钻遇井点少，可供深层—超深层综合研究的各类资料匮乏且品质差，以往针对中浅层采集和处理的重力、磁力和地震等大量资料无法识别地壳深部地质结构，人类基于已有的知识和推论，构建出的地球内部的地壳、地幔等理论模型以及综合解释的盆地深部地层地质结构和沉积充填层序很可能并不靠谱。

② 传统科学理论无法解释深部油气勘探实践

以往公认地球科学理论认为，随着地壳深部的增加（越深），油气应该越来越少，4500m左右就是大量油气的死亡线。但是，四川盆地和塔里木盆地超深层的油气勘探实践显示，在埋深6000～9000m的范围内还存在油气藏，特别是塔里木盆地约在8000m的寒武系还有大量液态石油存在，这一现象就是对现有公认或经典地球科学理论或认识的突破。

传统有机生烃理论仅适合单一盆地内中浅层有机质的热演化过程，但是中国多数含油气盆地属于叠合型盆地，发育多套和多种赋存形式的优质烃源岩层，这些烃源岩的生烃能力、分布以及生烃演化过程和油气运聚特征主要受控于盆地不同地质历史时期所遭受的多期构造运动，其油气成藏过程漫长、复杂，且跨越多次重大构造运动时期，具有"跨构造期成藏"特征，总体表现为多元生烃、多期成藏、复合叠加、调整改造的特点，适用于中浅层油气勘探的公认有机生烃理论和石油地质理论已经不能够完全合理解释地壳深部已发现油气带来的科学问题，如烃类母质类型、生烃机制、成储机制和油气成藏过程及聚集规律等，传统油气地球化学理论和油气地质理论正面临挑战和发展，急需"革故鼎新"。

③ 现有实验室设备及研究方法无法达到和满足深部研究需求

现有适合中浅层研究的实验设备及研究方法不能满足地壳超深层高温和高压条件，需要开拓思维，创新研究方法和技术，开发和制造储适合中国深层—超深层地质环境的研究设备和技术方法。例如，中国超深层及中—新元古界埋深大、时代老、经历过高温压条件，遭受过多期构造运动改造，目前中国多数实验室的设备所设置实验参数无法满足地下环境所要求的条件；还有三大盆地目前所拥有针对超深层及中—新元古界所采集的重力、磁力和地震等资料相对匮乏，且品质差，主要根本原因是所使用的采集方法和技术、采集设备以及资料处理解释的技术和设备不科学、不合理。如何提高和解决超深层重磁震能量弱的问题？如何获取超深层地球物理丰富有效信号，解决地层界面响应特征不清和成像质量差的问题等。

④ 钻井及配套技术无法达到"落地有声"

探秘地壳深部油气最直接、最有效和最可靠的方法就是钻一口超深井，而深钻井技术就是让"入地"的口号"落地有声"。

超深层钻井环境与中浅层不同，对钻井仪器及配套设备等要求更高。要求超深钻井在钻进过程中，不仅要保证所钻井眼不能坍塌和崩裂，还要保证取出的深部岩心完好无缺。要想达到这两个目标，不但需要有先进的钻进方法，而且必须有适合地下各种复杂多变地层的"挖石利器"——取心钻探工具以及配套的钻井液，钻井液就如同人的血液一样，在钻眼过程中从地面到井眼最底部不停地循环、净化、传递水动力、冷却并润滑钻具，携带和悬浮岩屑，维护井眼周围井壁的稳定。

世界深井钻井技术发展始于 20 世纪 30 年代末，美国是深井钻进技术的领跑者，深井类型可分为油气深井和科考探井。美国于 1938 年钻成世界上第一口 4573m 的深井，1949 年钻成 6255m 的超深井，1994 年原苏联钻成世界上垂直深度最深的科拉超深钻井 SG-3 钻孔。目前，全球能钻成 4500m 以深深井的国家有 80 多个，其中能钻 6000m 以深的超深井国家有 30 多个，中国也位列其中。美国是世界上钻深井历史最长、工作量最大的国家，也是技术最先进的国家之一。1938—1993 年，美国累计钻深井 16303 口，约占发达国家深井总数的 90%。据不完全统计，在美国，完成一口 7000m 左右的深井只需 7—10 个月的时间，其成功率高达 42%～46%，而成本要比世界其他地区的低 40%～50%。超深井钻探的核心技术是超深井钻机，当前国际上通用的超深井钻机规格分为 6000m、7000m、8000m、9000m、10000m 和 15000m，而美国是目前拥有先进精良深井钻机最多的国家。2010 年，钻 9000m 以深的钻机只有 90 多台，而美国就独占 80 多台，其中钻 10000m 以深的有 8 台，可钻 22860m 深度的有 1 台。

中国深井—超深井钻井技术起步较晚，始于 20 世纪 60 年代末。1966 年 7 月 28 日大庆油田完成一口 4719m 的深井，揭开了中国深井钻井技术发展的序幕。中国深井—超深井钻井技术的发展大体分三个阶段：

（1）1966—1975 年，继第一口深井大庆松基 6 井（井深 4719m）完成，陆续在大港油田、胜利油田和江汉油田打成了 4 口超过 5000m 的深井，初步积累了钻深井经验。

（2）1976—1985 年，四川地区完成第一口 6011m 超深井——女基井，自此至 1985 年完成 100 多口深井和 10 口超深井，期间钻井装备得到初步改善，从罗马尼亚多次批量进口 6000m 深井钻机 100 台，从德国、法国、日本进口的对焊钻杆全部替代细扣钻杆，解决超深断钻杆变形问题。期间，中国的深井钻井工艺技术得到较大改善和提高，如发展了优选参数钻井和近平衡钻井技术，改良和研发了复合中国地层结构的钻井液体系和三磺和聚合物钻井液等。

（3）1986 年至今，中国深井—超深井钻探进入大规模应用阶段，截至 1997 年，共完成深井—超深井 688 口，其中超深井 34 口，随着塔里木盆地大规模勘探序幕的拉开，深井—超深井钻井工作进入规模性应用阶段。据统计，截至 2020 年底，塔里木油田完钻 7000m 以上井共 471 口、8000m 以上井 10 口，相继在塔北、塔中、塔河和顺北地区都取得重大油气发现，轮探 1 井完钻于 8882m，在新元古界震旦系发现低产气层，在寒武系获高产工业油气流，属于亚洲最深的油气井。中国大批进口钻机设备得到改良，提高了机泵功率，同时独立研制出的 6000m 电动钻机达到国际水平，进行了批量生产，随后引进了顶驱、"三合一"牙轮钻头和PDC钻头生产线。钻井装备上的这些改善，加速了深井—超深井钻井技术的进步以及含油气盆地深层油气田的勘探进程。塔里木东河塘油田6200m的开发井，一年可打2口，达到国际先进水平。在过去打不成井的复杂地质条件地区，现在也打成了超深探井，如塔里木盆地天山麓山前构造带的东秋里塔克构造和英吉沙构造带在1970年钻的7口探井均为工程报废，在1993年和1994年成功完成东秋5井和科1井两口近6000m的探井。

中国钻探设备和钻井技术的发展和进步，标志着中国正在成为世界上拥有实施万米大陆科学钻探的专用装备和相关技术的国家，但与国际深井钻井水平相比还存在一定差距，如钻井设备相对落后、缺少深井大功率电动钻机，以及配套顶驱、自动仪表等辅助装备，还有随钻监测和钻头、参数优选技术跟不上，缺少适用于深井的特殊钻具及防斜、减震等井下工具等。

第三节　地壳深部油气探秘进行时

在中国深层油气勘探方兴未艾的今天，中国21世纪议程管理中心设立了"深地研发专项"，集结了一批地壳深部研究各专业领域的专家和学者们，共同探索"深地资源勘查"理论和技术研究等。我们知道，地球年龄已超过46亿年，地壳上超过90%的油气资源形成于仅占地球1/9历史的显生宙，那么在近20亿年的元古宙是否存在生油气的母源有机物质呢？其生烃潜力有多大？无数地球化学家们和石油地质学家们为此投入了大量人力、财力和物力进行研究。以三大克拉通盆地（塔里木盆地、四川盆地和鄂尔多斯盆地）超深层油气研究为重点，通过跟踪、整理和总结前人相关文献，吸收和集成"深地资源勘查开采"专项中与油气研究相关的重点项目成果，初步对地壳深部油气勘查中涉及的一系列科学问题有了初步答案，如超深层或中—新元古界是否存在烃源岩？其母质类型是什么？富集环境是怎样的？以及超深层的生烃机制、成储机制和油气成藏过程及聚集规律等。

一、地壳深部古老生烃母质类型

生物伴随地球的地质历史的进程在不断演化和进化，地球在太古宙和元古宙的生物种类和有机质类型肯定有别于古生代和中新生代，那么中国三大盆地超深层中—新元古界油气形成的母质类型或有机质类型是什么呢？

张水昌教授带领的团队，通过对中国四川和华北地区超深层中—新元古界内（下马岭组、大塘坡组和陡山沱组）的微古生物、烃源岩有机组分、地球化学微量元素分析以及油—岩生物标志化合物（甾烷、藿烷类）开展研究，认为中元古界沉积有机质的母质来源以蓝细菌、硫细菌等原核生物为主，但存在真核生物贡献，中元古代的弱含氧水体及硫化环境有利于有机质富集；新元古代间冰期，海侵初期水体弱氧化环境，有利于有机质富集，有机质母源在成冰纪末期以原核细菌为主变为以真核藻类为主；早寒武世缺氧事件与水体磷含量升高，有利于初级生产力勃发与有机质有效保存，黑色页岩广泛发育。

通过对华北地区中元古界下马岭组岩样开展黄金管热模拟生烃实验，张水昌教授等人认为，原核生物母质以生气为主，少量生油，原核和真核生物母质既生油也生气，生烃母质类型对生烃潜力和倾油气性的控制，同时发现有机质保存环境对生烃潜力和倾油气性的控制，即厌氧环境的氢指数高，有利于生油，而含氧环境的氢指数偏低，更有利于生气；认为该套地层中发育的多套烃源岩中有机碳含量与沉积环境中的含氧量密切相关。通常黑色页岩的有机碳含量较高，多沉积于厌氧的硫化环境；而灰色页岩则沉积于弱含氧的铁化水体环境。

超深层中—新元古界烃源岩的发育环境由元古宙的厌氧铁化、硫化环境为主逐步演变为显生宙的氧化环境为主。元古宙的大气氧化进程可能直接控制了古海洋化学组成变化，在一定程度上影响了生烃母质的演化、有机质的形成埋藏和烃源岩的最终形成，即元古宙铁化、硫化环境与古生物类型及丰度的耦合作用是控制盆地生烃母质或有机质的富集程度和质量。

二、地壳深部烃源岩特征及富集主控因素

① 中国三大克拉通盆地深部烃源岩分布特征

塔里木盆地、四川盆地和鄂尔多斯盆地超深层中—新元古界露头和探井钻探结果对比显示，三大盆地深层—超深层发育多套优质烃源岩（图 3-1），其烃源岩有机质类型、质量、规模及生烃能力和分布规律存在明显差异。四川盆地和塔里木盆地新元古界发育多套黑色泥页岩厚层优质烃源岩，有机碳含量高，生烃能力明显优于鄂尔多斯盆地中元古界的烃源岩。四川盆地新元古界主要发育三套优质黑色泥页岩烃源岩，包括南华系大塘坡组、震旦系陡山沱组、灯影组三段，累计厚 50～600m，有机碳含量为 1.3%～10.4%，平均为 4.6%；塔里木盆地前寒武系发育两套黑色泥页岩优质烃源岩，主要为南华系特瑞艾肯组、震旦系扎摩克提组，累计厚 50～800m，有机碳含量为 1.9%～20.4%，平均为 8.9%；鄂尔多斯盆地前寒武系主要发育两套灰黑色泥页岩差级烃源岩，累计厚 5～800m，有机碳含量为 0.46%～0.62%，平均为 0.52%。

② 地壳深部烃源岩富集主控因素

造成三大盆地间超深层烃源岩质量存在明显差异的原因是什么？前人通过三大盆地原型盆地恢复、沉积充填结构研究以及区域古气候、古海洋环境分析，认为三大盆地超

深层现存有机质富集区/段多与海洋缺氧事件（甚至硫化）或冰期旋回密切相关，原型盆地类型及古裂陷演化、古气候和古海洋环境共同控制盆地的原始沉积充填序列、烃源岩质量及资源潜力。

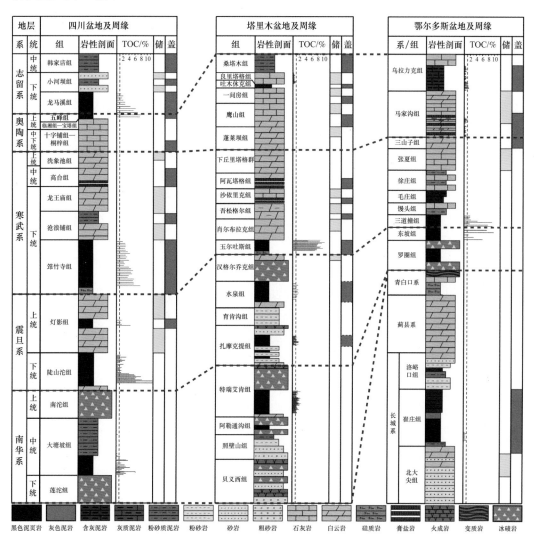

图3-1 三大克拉通盆地深层—超深层地层烃源岩发育和生储盖组合特征

1）原型盆地类型

原型盆地是相对残留盆地而言的，指一定历史时期形成的盆地，其形成后未经改造或改造甚微，但还能保持原盆地性质及其分布范围。但是，"早期的盆地原型"形成后，在随后的地质历史演化过程中，往往被后期构造运动所改造，甚至破坏，而只能保留原盆面貌的一部分，从而形成多期"原型盆地"的叠加演化，原型盆的恢复便是要重塑每一期的"盆地原型"。

利用古地磁数据、岩浆事件和年代学研究成果，应用 Gplates 模拟软件，开展三大盆地古大陆重建和原型盆地恢复。研究认为，中国三大克拉通盆地的成盆时间和成盆机制与超大陆聚散—裂解过程密切相关。鄂尔多斯盆地属于华北克拉通，位于哥伦比亚超大陆西缘，其北缘与印度西缘连接，成盆于距今 17.8 亿年的中元古代长城纪—蓟县纪，主要受哥伦比亚超大陆差异裂解和地幔柱活动以及吕梁运动影响，具有挤出—走滑成盆特征，发育陆内裂谷和被动陆缘裂谷型盆地；四川和塔里木古陆位于罗迪尼亚超大陆西北边缘，与印度及澳大利亚大陆具亲缘性，成盆于新元古代青白口纪末期的罗迪尼亚超大陆聚合阶段，扬子古陆受超大陆聚散影响发生后撤而成盆；塔里木古陆受罗迪尼亚超大陆会聚发生俯冲—增生作用而成盆。由上可知，鄂尔多斯盆地中元古代原型盆地的成盆时间比扬子盆地和塔里木盆地早了近 8 亿年，前者属于裂谷—被动陆缘盆地，而扬子盆地和塔里木盆地在新元古代属于弧后伸展—裂谷—内裂陷盆。正是由于原型盆地的成盆时间、盆地类型的差异以及当时古气候、古海洋环境以及古生物发育的差异性，才造成三大盆地之间中—新元古界的沉积充填结构和沉积建造的迥异，导致烃源岩的发育规模和质量以及生烃潜力的差异。

2）原型盆地沉积充填格架

利用塔里木盆地、四川盆地和鄂尔多斯盆地中—新元古代古大陆重建成果，开展成盆动力学、岩浆岩等特殊岩类地化、同位素、锆石 U–Pb 测龄等分析；基于露头、钻井岩性地层资料以及重力、航磁、地震资料综合解译成果，预测三大盆地原型盆地构造格局以及盆地沉积充填结构，认为三大克拉通盆地中—新元古代均发育多个陆缘裂谷和陆内裂谷，沉积充填结构均有多旋回性裂谷建造。但是，由于成盆构造背景不同，同时中元古代和新元古代的大气环境、水体环境以及生物物种存在差异，因此造成三大盆地之间中元古代和新元古代的裂谷发育规模、沉积充填结构存在明显差异。

鄂尔多斯盆地中元古代发育多期构造—热事件（放射状基性岩墙群资料）和多期次裂解，中—新元古代先后经历长城纪裂谷阶段、蓟县纪大陆边缘坳陷阶段和新元古界边缘坳陷阶段，具有明显的逐步海退特征，中元古代长城纪和蓟县纪发育多个裂陷，长城系以被动陆缘裂谷沉积建造为主，发育石英砂岩、红色泥岩及深灰色板岩混积沉积；蓟县纪主要发育陆表海碳酸盐岩台地，岩性主要为厚层燧石结核/条带白云岩；震旦系受华北陆块整体抬升影响，盆地周缘再次裂陷，仅在周缘残留冰期冰碛砾岩与间冰期泥页岩。

塔里木克拉通盆地中—新元古代原型盆地的演化是由陆内裂谷过渡到坳陷，南华纪发育 3 个陆内裂谷，充填巨厚复陆屑火山岩建造和深水碎屑岩建造，震旦纪发育 2 个坳陷，沉积充填从下至上为碎屑岩夹火山岩—碳酸盐岩。

四川盆地新元古代南华纪发育 2~3 个发育 NE 走向裂陷，位于东缘湘桂、西缘康滇和北缘；震旦纪则发育南北向陆内裂谷和坳陷，两期裂陷展布方向受罗迪尼亚超大陆聚合作用控制，从下至上裂陷内沉积充填序列由底部青白口纪的砂砾岩—火山岩混合沉积，演变为南华纪的滨浅海相、冰碛岩和碳酸盐岩以及震旦纪的滨浅海碳酸盐岩建造，并且裂陷主要控制盆地南华系—震旦系沉积格架以及烃源岩宏观分布，裂陷与烃源岩厚度分布趋势具有良好的相关性。

3）古气候和古海洋环境

中国三大盆地中—新元古界沉积环境是由元古宙的厌氧铁化、硫化环境逐渐演变为显生宙的氧化环境，认为新元古代"雪球事件"间冰期和极热事件导致古海洋生物化学环境突变，裂陷缺氧含硫环境易造成生物快速死亡并堆积保存，有利于形成多套优质烃源岩。四川盆地超深层新元古界烃源岩分布及质量与盆地大气环境演变或冰期旋回具有良好的对应关系，其优质烃源岩主要发育于冰期旋回的间冰期；还有南华系大塘坡组烃源岩古生物鉴别和生物标志化合物（正构烷烃、甾烷和低伽马蜡烷等）研究证实，其成烃生物为底栖宏体藻类、微体菌类和疑源类，主要形成于低盐度强还原环境。综上所述，原型盆地构造格局控制盆地地层充填沉积序列和结构以及烃源岩宏观分布，而优质烃源岩主要发育于超大陆裂解期重大气候转变的缺氧硫化古海洋环境。

综上，地壳深部烃源岩富集规律可简单总结为"原盆缺氧控源"学说。该学说基本内涵包括三点：盆地原型和构造格局控制盆地原始地层沉积充填结构、岩相古地理分布及烃源岩展布；缺氧环境是厌氧微生物或沉积有机质保存的必要条件；优质烃源岩主要发育于超大陆裂解期重大气候转变的缺氧硫化（甚至硫化）古海洋环境。该学说的意义在于指导中国三大克拉通盆地超深层主力烃源岩分布预测及生烃潜力评价。

三、地壳深部生烃过程及演化模式

中国超深层新元古界烃源岩多处于高—过成熟阶段，干酪根生气潜力已相当有限，传统观点认为勘探前景较差。近几年四川、塔里木等盆地在高—过成熟层系均有重大发现，如高石梯—磨溪地区发现震旦系—寒武系超大型气田，塔里木盆地塔北地区轮探1井在8000m的震旦系—寒武系发现了液态的凝析油和天然气等。勘探实践油气发现深度已远远超越传统干酪根热降解生烃模式所预测深度，超深层油气是如何形成的？其形成环境和介质有什么魔力呢？让我们跟随研究者的步伐来"一探究竟"。

① 生烃环境与"合力生烃"

中国石油大学钟宁宁教授和柳广第教授带领的研究团队于2019年通过对华北地区下马岭组的泥岩和页岩样品黄金管热模拟实验研究，认为超深层中—新元古界烃源岩主体倾向生气，少量生油，生烃母质类型对生烃潜力和倾油气性具有控制作用。塔里木盆地和四川盆地温压系统重建、干酪根热解和加氢催化实验、流体—岩石相互作用和金属元素参与生烃过程等实验研究认为，超深层的生烃环境与中浅层有所不同，除了温度高

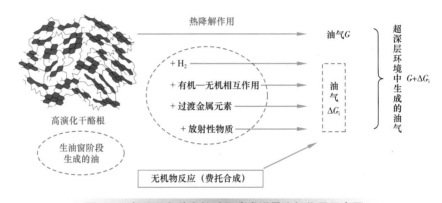 打开地壳深部油气的大门

和地层压力大（四川盆地震旦系埋深7000m的地层温度为100～210℃、上覆垂直有效压力平均值为140MPa左右），更重要的是还有外来氢源物质的加入、有机—无机作用影响、过渡金属元素参与、放射性物质影响等，这些因素均可参与生烃过程，并且有可能造成增量烃的形成（图3-2），即产生"合力生烃"现象。干酪根在热解生烃过程中，甲烷作为其最后主要烃类产物，在加入矿物催化剂后，产率并没有明显增加，但当外部氢源加入之后，产率出现了4.8～12.6倍的急剧增加，可见氢是超深层环境生烃最重要的限制性反应物，超深层生烃反应的本质为氧化—还原反应，反应效率受氢逸度的控制，氢逸度增加，生烃转化率提高。"氢逸度"是地球科学实验中用来表征氢气在一个体系中的氧化还原状态和制约体系发展的趋势或能力。超深层环境中存在多种能够提供外部氢源的可能反应体系，水及水—岩反应可能是最重要的外部氢源产生方式，如菱铁矿加水或磁黄铁矿加水的反应均可产生氢源。

图 3-2　超深层多种生烃过程造成增量生烃作用示意图

通过对低成熟烃源岩和干酪根在有/无铀矿条件下，开展不同剂量的辐照实验，发现放射性物质在烃类物质生成中具有明显催化的作用，可生成增量烃。

综上所述，超深层环境存在多场合力增烃模式，即以沉积有机质（干酪根、原油、储层沥青）为主要反应物，在外部氢源可利用下的一种有机—无机复合生烃过程，外部氢源可使高演化有机质中残余干酪根再活化生烃，水和放射性物质的辐射作用也可生成增量烃，而水及水—岩反应是最重要的外部氢源产生方式，超深层有机质生烃效率主要受氢逸度控制。

② 生烃演化序列与"温压共控"

中国石油大学柳广第教授带领的团队于2021年以塔里木盆地和四川盆地超深层震旦系和寒武系为重点，开展油气藏典型解剖、干酪根生烃动力学模拟、超古老地层温压场重建等研究，认为温度场和压力场共同控制超深层有机质演化趋势和命运，其中温度是"霸主"，压力是"助手"，二者相辅相成。不同温度和压力下干酪根生烃演化模拟实验显示，温度快速升高时，压力增大对原油裂解成气的时间及转化率影响较小；但当温

度慢速升高而压力增加时，原油裂解成气的时间被推迟，而转化率变化影响较小。说明温度主要控制有机质的生烃过程，但压力也有影响，压力增加可延缓原油裂解成天然气的时间，相应就拓宽了有机质生烃的液态窗范围或深度，即超深层有机质的生烃演化过程具有"温压共控"特征。

塔里木盆地和四川盆地震旦系和寒武系温压场重建结果显示，两大盆地超深层的温压场演变特征明显不同，主要受盆地埋藏史、构造演化以及热事件控制。塔里木盆地超深层温压场属于"低温高压型"，而四川盆地则属于"高温高压型"。正是由于两大盆地间超深层温压场的不同，才造成二者在生烃演化序列和超深层流体相态上存在明显差异。塔里木盆地的生烃演化序列受"低温高压"影响，生烃过程表现得缓慢一些，表现为4500m干酪根进入热裂解生油高峰，液态窗范围主要位于2000~8000m，5000m少量干酪根开始裂解生气，7000m进入生气高峰，10000m以下仍有一定量的原油裂解气存在。

塔里木盆地超深层干酪根生烃热演化过程中液态窗范围大，在8000m仍有液态烃类存在，油气藏普遍具有"油气共存"特征。四川盆地的生烃演化序列受"高温高压"影响，生烃过程有些过于"着急"，3200m干酪根就进入热裂解生油高峰，6000m以下以天然气为主，几乎就没有液态烃存在，油气成藏普遍具有"浅油深气"特征。

温度和压力场是控制超深层有机质生烃速率及其流体相态保持时限的关键因素，低温超压环境可延滞原油裂解时长，拓宽流体相态保持时限，中国超深层以天然气藏为主，局部存在油藏及凝析气藏，勘探下限可拓展至9000m以下，这一认识为超深层油气资源潜力预测和勘探部署提供了科学依据。

四、地壳深部油气的"储存仓"类型及充注特征

超深层油气的"储存仓"主要包括油气的储集体和圈闭等。超深层油气的形成环境、演化过程以及储集体和圈闭类型等与中浅层均存在明显差别。

1 储集体类型及特征

国外学者认为，随埋藏深度增加和时代变老，储层孔隙度逐渐降低，对深层是否存在具有商业价值的储层持怀疑态度。中国塔里木盆地塔北寒武系和四川盆地震旦系—寒武系在约8000m还能获得高产油气流，就足以证明超深层确实存在一定规模的优质储层。那么，超深层储层类型是什么呢？

统计显示，塔里木盆地、四川盆地和鄂尔多斯盆地超深层已发现的油气储层主要为碳酸盐岩储层，碎屑岩和火山岩储层的分布范围有限，规模较小。钻探揭示，中国超深层碳酸盐岩储层以微生物白云岩、礁滩白云岩、岩溶—风化壳和断溶体为主，其中微生物白云岩在三个盆地中—新元古界中的占比可达2/3，分布广且厚度大。

1）微生物碳酸盐岩储层

何谓微生物碳酸盐岩？微生物碳酸盐岩是由微生物（细菌、真菌、小型低等藻分小

型原生动物）生长和新陈代谢过程中导致碳酸盐矿物沉淀所形成。依据宏观组构，微生物碳酸盐岩类型可分为叠层石、凝块石、树形石和均一石四种类型，其中叠层石和凝块石主要发育于高能沉积相带。塔里木盆地、四川盆地和鄂尔多斯盆地中—新元古界发育多种微生物岩，总体以叠层石和凝块石为主，塔里木盆地和鄂尔多斯盆地叠层石较四川盆地丰富，四川盆地的凝块石更丰富。

并不是所有微生物碳酸盐岩都可成为油气的"储存仓"。只有经过白云石化的微生物岩才具有一定的储集能力，而很可能成为储层。白云石化作用指白云石取代方解石、硬石膏和其他矿物的过程。按照成因，白云石化作用一般分为两类，一类为准同生期的白云石化作用，另一类为成岩后期的白云石化作用，如深部流体（热液）交代生成。大量岩石薄片孔隙结构研究和溶蚀模拟实验证实，深层白云石化作用对孔隙的保存作用大于建设作用，先存储层为晚期白云石化提供了流体存在和活动空间。因此，微生物白云岩储层的形成主要受控于优势沉积相（如藻坪相和颗粒滩相），其次为准同生期白云石化作用和表生岩溶作用。依据微生物组构，可将微生物白云岩划分为叠层石白云岩、微生物纹层白云岩、泡沫棉层白云岩和藻屑球粒白云岩，其中泡沫棉层白云岩物性最好（孔隙度可达 8.9%，渗透率为 0.2mD），叠层石白云岩次之，但微生物白云岩总体属于低孔—特低渗储层，孔隙度分布集中在 1.4%～10%，渗透率多集中在 0.1～0.2 mD；储集空间主要有大型洞穴、溶蚀孔洞、窗格孔和泡沫棉层腔内溶孔四类。微生物白云岩的优质储层多分布于高能相带发育的叠层石和凝块石丰富的部位。

2）礁滩白云岩储层

礁滩白云岩储层指由生物礁和颗粒滩在埋藏后经过白云石化作用而形成的白云岩储层，如四川盆地和塔里木盆地震旦系和四川盆地上二叠统长兴组—下三叠统飞仙关组均发育大套生物礁白云岩和颗粒滩相白云岩储层，其优质储层分布主要位于碳酸盐岩台缘或缓坡等高能相带，纵向上位于地层不同期次暴露面附近，其表生溶蚀和早期白云石化作用强烈。

3）岩溶—风化壳储层

岩溶—风化壳储层主要指地层受构造运动抬升影响，长期遭受大气淡水的淋滤改造作用而发生溶蚀后形成具有一定储集能力的缝洞型储层，常常与区域性不整合面相关。根据隆升暴露时间长短可分为短期暴露不整合岩溶和长期隆升风化壳岩溶，这两种风化壳岩溶储层在三大盆地超深层都有分布，如四川震旦系灯影组顶部、塔里木盆地和鄂尔多斯盆地奥陶系顶部等均发育该类储层，其优质储层主要分布于岩溶斜坡、断裂带和不整合面附近。

4）断溶体

断溶体指致密碳酸盐岩在构造走滑应力作用下，形成一系列走滑断裂破碎带，之后遭遇多期继承性隆升和暴露剥蚀作用、大气淡水淋滤溶蚀作用以及沿断裂上涌的局部热液改造等，最终形成沿断裂带发育的不规则状缝洞型储集岩，其分布受断裂带、多期地表岩溶水及热液发育部位控制，可形成一定规模，如塔里木盆地塔北寒武系和奥陶系油气藏沿断裂带呈串珠状展布。

研究显示，超深—深层碳酸盐岩成储机制是以相控为基础，各类表生溶蚀和早期白云石化作用为主导，叠加其他因素改造的复合成孔过程。高能相带、表生溶蚀面作用和裂缝作用三者耦合是超深层优质发育的物质基础，在大于 8000m 埋深的古断裂带、古台缘或缓坡带附近的层序界面或暴露面上下仍发育规模有效储层。

② 圈闭类型及分布

超深层地层因埋藏深度大和岩性致密，其构造变形相对上覆地层较弱，圈闭的形成主要与古隆起、储集体、不整合面和断裂带密切相关，以复合型圈闭为主，常见地层不整合型、断溶体型以及受古隆起、台缘带和大型斜坡背景控制的一系列岩性—构造复合型圈闭等（图 3-3）。并不是所有的圈闭都能成为油气的"储存仓"，只有那些位于油气运输轨道范围内且诞生时间早于盆地油气大规模生成阶段的圈闭，才有可能被称之为"有效圈闭"。这些"有效圈闭"的分布都是"有根可寻"，其"根"就是烃源灶，一个能够提供油气来源的富含碳氢化合物或有机质的部位。烃源灶通常位于盆地内或台地内的裂陷、坳陷区和凹陷区，或是岩浆或火山活动强烈的部位。"根"与圈闭之间的连接疏导系统完全"有权利"决定一个圈闭是否有效或能否形成油气藏。大型断裂带或断溶体是超深层油气长距离运移的最常见、最重要疏导管道，而不整合面可作为中短距离运移的通道，白云岩或砂岩类储层一般孔渗性较差，多为面状接触的近距离运移通道。

③ 超深层"储存仓"充注过程

第二章已阐述沉积盆地内油气藏（储存仓）形成后，其生命轨迹并不总是一帆风顺，其烃类充注可能会被地壳的多期隆升作用打断，油气最早形成的"储存仓"可能会遭受破坏，或其内部油气被转移至其他新的"储存仓"，原仓库内仅残留少部分油气。

柳广第教授等人针对三大盆地（塔里木盆地、四川盆地和鄂尔多斯盆地）的超深层油气藏开展盆地埋藏史、构造演化史和成藏地质研究和解剖，认为三个盆地超深层油气聚集成藏过程复杂，普遍经历了早聚油、油再裂解和油气晚调整的成藏演化序列，期间油气经历了"递进埋藏"和"退火受热"两大耦合作用阶段。"递进埋藏"就是在低温环境中盆地的烃源岩持续缓慢"递进埋藏"，并保证生烃演化发展趋势，但这一漫长的受热生烃演化过程常常被地壳间歇的隆升作用（温度降低）所打断，即"退火受热"，从而导致烃源岩的整个生烃过程被拉长，且减缓了烃源岩的生烃演化速率，使得烃源岩长期处于低温的"液态窗"生油阶段。例如，塔里木盆地寒武系烃源岩长期处于低温高压环境中，在经历长期的"递进埋藏"过程中，还遭受了三次盆地间歇性短暂构造隆升作用，导致烃源岩的整个受热生烃过程因温度降低而被停滞供烃，使烃源岩长期处于低温的"液态窗"生油阶段，即"递进埋藏"和"退火受热"的耦合作用是塔里木盆地超深层液态烃类存在的关键因素。

总结塔里木盆地超深层震旦系—寒武系油气成藏演化阶段特征，可分为三个阶段，即加里东—海西期的低熟油充注阶段、海西—印支期成熟油充注阶段、燕山—喜马拉雅期的高熟油充注和气侵改造阶段，总体呈现"油气共存"特征。但是，四川盆地寒武系的油气成藏过程与塔里木盆地相比，其成藏过程就更为复杂。因为四川盆地超深层属于高温高压环境，并且盆地的埋藏史和构造演化史更为复杂。总结四川盆地超深层从油气成藏过程主要经历：两期充注聚油、两期聚气和一期调整，具有跨构造期成藏的特征，超深层以天然气为主。综上可知，中国主要含油气盆地超深层油气成藏过程存在明显差异，总体具有"五元共控"和多期有序聚集的特征，即以烃源灶为供烃中心，热流场或高温场为加热台，以储层（溶蚀面）和断裂为运移通道，在多期供烃过程或构造运动改造下，沿古斜坡带或古断裂带有序向古隆起带或圈闭带聚集，形成一定规模的油气聚集带（图 3-3）。

五、地壳深部油气聚集模式

综合分析中国三大盆地（塔里木盆地、四川盆地和鄂尔多斯盆地）超深层已发现油气成藏条件和分布规律，认为超深层油气分布明显受"五古"控制，即古裂陷、古隆起、古断裂、古台缘和古剥蚀面，油气聚集具有"群居"特征，并呈现一定规律，主要存在以下四种群居模式。

1 盆缘断褶带破坏——散失型

该类油气聚集模式主要位于盆地边缘的断裂和褶皱发育带，油气形成后遭受破坏而散失，如四川盆地西部的汉深 1 井灯影组岩心发现大量沥青，包裹体特征研究显示，该古油藏形成于中三叠世，中侏罗世早期达到充油高峰、侏罗纪末期油藏遭受断裂破坏，油藏内原油裂解成沥青。

2 翘倾斜坡带调整——新生型

该类油气聚集模式主要分布于大型古斜坡带，受盆地构造掀斜作用影响，地层发生"跷跷板式"变化，原斜坡带上发育的岩性油气藏内流体发生迁移，造成油水关系倒转，发生油气藏迁移消失或规模变小等变化，如鄂尔多斯盆地奥陶系顶部风化壳油气藏和川中南斜坡带。

3 剥蚀古隆起调整——残余型

该类油气聚集模式分布于大型古隆起带，受盆地晚期地壳隆升作用影响，古隆起发

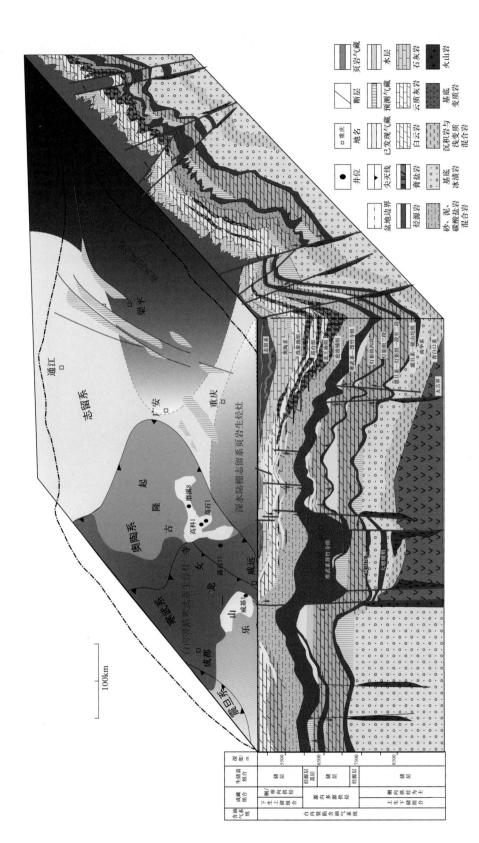

图 3-3　四川盆地前震旦系—下古生界含油气系统及成藏组合分布模式

生迁移并遭受剥蚀，成为"残余古隆起"，其上早期形成的油气藏遭受破坏，流体发生迁移消失或规模变小等变化，如威远震旦系灯影组气藏（图3-3）。

④ 继承古隆起原位——富集型

该类油气聚集模式主要分布于长期缓慢隆升的水下继承性古隆起部位，且临近烃源灶，生储盖配置优越，疏导系统发育，如四川盆地川中古隆起、塔里木盆地塔北满西古隆起（图3-4）和塔中古隆起等。

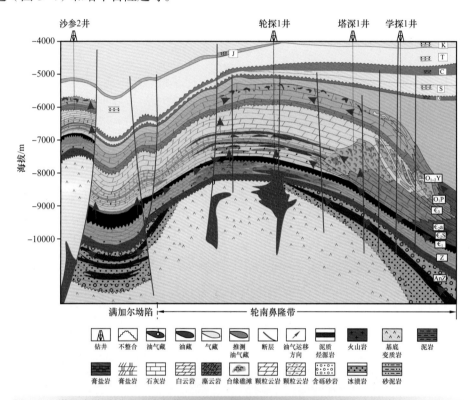

图 3-4　塔里木盆地满西古隆起带震旦系—寒武系主要油气聚集模式（据徐安娜，2021）

在以上四种超深层油气聚集群居模式中，后三者均可形成大型油气田，其共性特征是围绕古裂陷（烃源灶）、后期受构造运动改造程度较弱。由此可见，围绕古裂陷（烃源灶）附近发育的古隆起或古斜坡、古台缘和古断裂带是未来超深层油气勘探的有利区。例如，四川盆地超深层勘探围绕德阳—安岳古裂陷周缘继承型和残留型古隆起开展，锁定优质储层和有效圈闭叠合区；塔里木盆地围绕塔北隆起周边台缘带、轮南古城台缘丘滩带、塔中隆起北斜坡和麦盖提斜坡颗粒滩带；鄂尔多斯盆地围绕乌审旗—定边寒武系古隆起周缘的古裂陷和南缘黄龙—洛川生烃凹陷，聚焦源储配置有利区进行勘探部署。

第四章

打开地壳深部油气大门的钥匙

"工欲善其事，必先利其器，器欲尽其能，必先得其法"，这句出自中国"四书"之一的《论语》，道出了技术能力与进步的重要作用。在油气勘探开发中，更是如此。

经过了百余年的油气勘探，人类克服了各种艰难险阻，孜孜不倦地探索着油气勘探技术，从卫星相片的解读、航磁重力勘探，到地球化学勘探、地球物理勘探，再到最终的钻井勘探，以及人工智能的应用等，人类探索、开发出一系列行之有效的勘探技术，找到了难以计数的石油天然气能源，推动了人类社会的进步与发展。

深部油气勘探所面临的困难是以前几乎没有遇到的，技术挑战是多重的，人们在深部油气勘查中投入、使用的技术，有的是在常规勘探技术上发展进步而来，有的则是新的发明应用。让"入地"的口号"落地有声"，基础地质综合研究方法、地球物理探测仪器及研究技术、钻探配套技术的创新与发展是真正打开地壳深部油气大门的三把"金钥匙"。

第一节 科学的基础地质研究方法

中国主要含油气盆地多属于大型叠合盆地，其形成演化过程以及油气成藏过程复杂，以往公认的适合中浅层油气勘探的石油地质理论和研究方法已不能完全用于指导地壳深部油气的勘探。十年来，国内大量学者针对三大古老克拉通盆地的成盆机制以及油气形成过程和成藏过程进行了深化研究和探索，初步探索总结出一系列具有中国特色的基础地质研究方法，如原型盆地恢复、储层成因机制研究、温压常重建、生烃动力学模拟、资源评价方法研究等，这些方法均基于超深层油气烃源、成烃和聚集过程特征，具有高度的科学性和严谨性，是探索地壳深部油气的"理论基石"，是打开地壳深部油气大门的"许可证"。

一、盆地原型和岩相古地理恢复——"五步五定"法

今天我们所看到和认识的盆地已经经历了 8 亿—18 亿年的演化过程，现今面貌与诞生时的模样和位置可能早已面目全非了。"五步五定"法就是一套适合中国大型叠合盆地超深层地层原型盆地恢复和岩相古地理重建的科学方法。该方法主要研究思路和方法是综合利用各类地质、测井与重、磁、电、震等资料，融合古大陆重建、成盆动力学分析、特殊岩性定年、地震综合解释、沉积相综合研究以及构造恢复等研究成果，搞清三大盆地的成盆地机制以及中—新古界原型盆地和岩相古地理分布，其意义是为盆地超深层选区选带和资源预测奠定基础。该方法具体操作流程如下。

第一步：定成盆时间及古大陆构造演化背景。基于古地磁数据，结合岩浆事件和年代学信息，利用 Gplates 模拟软件进行古大陆重建，研究古大陆构造演化背景、古陆成盆位置和时间。

第二步：定成盆动力机制及盆地类型。新元古代岩浆热事件成盆动力（特殊岩类地化、同位素、锆石 U-Pb 测龄分析等）。

第三步：定原型盆地分布及重大历史地质事件。露头与重、磁、电、震等资料结合，开展盆地基底、边界类型、地层地质结构、火山岩性质、期次以及残余地层厚度等综合研究，预测原型盆地分布及性质。

第四步：定地层充填沉积序列与古气候变化。基于区域地震解释格架剖面，开展地层等时对比格架建立、盆地沉积充填序列和盆地沉积相发育模式研究。

第五步：定原型盆地岩相古地理分布及后期改造。基于原型盆地分布和地层测年数据，开展剥蚀地层厚度预测，恢复构造—沉积背景，井—露头—地震结合，开展岩相古地理综合研究，重建岩相古地理分布。

利用"五步五定"法，恢复和重建塔里木盆地新元古代南华纪原型盆地分布以及

震旦纪晚期岩相古地理分布。结果显示（图4-1），南华纪塔里木盆地的构造格局呈东西向展布的"两陆两裂"特征，而其上震旦纪晚期沉积的岩相古地理分布则呈现碳酸盐岩台地向坳陷过渡的特征，坳陷区主要位于盆地北部的满西地区，属于有利烃源灶发育区。

二、深部油气成藏过程恢复——"四定"法

塔里木盆地和四川盆地超深层油气成藏过程及期次复杂。"四定"法就是定油气来源、定油气充注期次、定油气藏年龄和定油气藏分布。该方法采用的研究思路和方法是综合应用沥青及天然气组分、同位素、热液矿物等资料，分析研究正常烃源岩热演化及异常热时间对油气藏保存及地化特征的影响，明确多期成藏期次的相关性及差异性；通过解剖三大盆地超深层已发现油气藏的成藏地质条件及过程，恢复超深层油气成藏过程。该方法的地质意义在于预测了三大盆地超深层油气富集规律，为盆地油气资源预测奠定基础，其具体步骤如下：（1）利用锆石U-Pb定年和烃源岩Re-Os同位素定年，确定烃源岩年代，利用有机碳同位素、生物标志化合物、微量元素配分模式及丰度进行油源对比，确定油气来源；（2）利用包裹体和荧光期次、地温史和埋藏、史综合确定成藏期次；（3）利用原油Re-Os同位素年龄、结合伊利石K-Ar测年，确定油气成藏年龄；（4）利用绝对成藏年龄标定原油成熟度参数，确定各期油气分布范围。利用"四定"法恢复四川盆地震旦系油气成藏过程，认为震旦系气藏主要经历了两期充注聚油、两期聚气和一期调整，具有跨构造期成藏的特征，超深层以天然气为主。

三、深部油气资源预测——"三模型一过程"法

油气资源指地壳中或地表天然生成的，在目前或未来经济上值得开采的而技术上又能够开采的油气总和。

中国将油气总资源分为储量和远景资源量两大类，其中储量由高到低划为探明储量、控制储量和预测储量三个级别；远景资源量由高到低划分为潜在资源量和推测资源量两个级别。

油气资源和储量是一个与地质认识、技术和经济条件有关的变量，油气勘探开发的全过程是油气资源量不断向储量转化、储量精度逐步提高、不断接近实际的过程。

通常盆地中浅层油气资源预测的方法主要包括三大类：成因法，包括盆地模拟、氯仿沥青"A"法和生物气模拟法；类比法，包括体积丰度类比法、面积丰度类比法、有效储层预测法和多种地质因素分析法；统计法或经验外推法，包括统计趋势预测法、饱和勘探分析法、地质因素分析法等。

目前，对于深部油气资源的预测和评价的研究还处于探索阶段，面临的主要困境是资料获取难，勘探开发实践揭示的超深层油气藏实例较少，而且埋藏深度大于6000m，温压条件严苛，资料采集成本高、难度大；方法研发难，统计法受限于探井数与发现油

气藏数，成因法受限于超深层烃源岩有效测试结果，类比法受限于超深层典型油气刻度区，不同方法的限制条件与勘探实践少导致相关方法研发难；资源的分布认识难，超深层系埋藏历史长、经历构造运动多、成藏过程复杂，不同盆地类型、不同岩性类型的油气成藏与富集规律难以准确研究。由上可知，现有适合中浅层油气资源评价的方法（统计法、成因法和类比法）已经不能完全用于超深层油气资源评价。

中国石油勘探开发研究院长期致力于超深层油气资源评价方法研究，创建了"三模型一过程"深部油气资源预测方法，目的是为中国三大盆地超深层油气选区选带和未来勘探投资提供科学依据。该方法研究思路是利用中浅层油气藏数据，建立数理统计模型，通过构建"地质模型、储层模型、成藏过程、聚集模型"，将生烃动力学模拟与地质外推相结合，获取超深层油气成藏评价参数，客观评价古老烃源岩生烃序列与生烃潜力，其具体研究步骤是：（1）用中浅层油气藏数据，建立数理统计模型，构建新型成因法评价体系，并建立总体相似系数类比参数体系；（2）开展"三模型一过程"解剖研究，即"地质模型、储层模型、成藏过程、聚集模型"研究，结合生烃动力学模拟与地质外推相结合，获取和建立超深层油气关键类比参数和资评参数体系；（3）成因法和类比法结合，预测评价盆地油气资源。

利用"三模型一过程"方法，对三大克拉通盆地深层—超深层碳酸盐岩地层油气资源进行预测。结果显示，中国深层—超深层碳酸盐岩石油资源大约为 $40.39 \times 10^8 t$，主要位于塔里木盆地北部坳陷—斜坡的奥陶系—震旦系、四川盆地德阳—安岳裂陷与边缘的寒武系—下古生界；碳酸盐岩深层—超深层天然气资源可达 $16.81 \times 10^{12} m^3$，主要位于四川盆地德阳—安岳裂陷与边缘的新元古界和下古生界、鄂尔多斯盆地西南缘裂陷区的元古宇—寒武系以及塔里木塔北—塔中下古生界。综上，中国三大盆地深层—超深层碳酸盐岩地层均展示出良好的勘探前景。

第二节 "对症下药"的地球物理勘探技术

人类居住的地球表层是由岩石圈组成的地壳，石油和天然气就埋藏于地壳的岩石中，埋藏可深达数千米，眼看不到，手摸不着，所以，要找到油气首先需要搞清地下岩石的情况。怎样才能搞清地下岩石的情况呢？这就需要请出"透视地球的专家系统"发挥魔力了。这位专家系统就是地球物理勘探技术。

地球物理勘探技术，简称物探技术，就是指通过研究和观测由那些组成地壳不同岩层引发的各种地球物理场的变化，达到探测地球内部结构与构造的目的，为寻找油气等能源资源提供理论方法和技术。我们知道，岩石的物理性质包括导电性、磁性、密度、地震波传播等特性，地下岩石情况不同，岩石的物理性质也随之变化，表现出来的物理场（现象）也不同。如导电性不同的岩石在相同的电压作用下具有不同的电流分布；磁性不同的岩石对同一磁铁的作用力不同；密度不同的岩石可以引起重力的差异；振动波在不同岩石中传播速度不同等。地球物理勘探技术包括重力勘探、磁法勘探、电法勘探、地震勘探、测井技术、放射性勘查、地温勘探、地热勘探、核法勘探等。

物探技术是根据物理现象对地质体或地质构造做出解释推断结果，因此它属于一种间接的勘探方法，其解释结果存在多解性问题。但是，与钻一口超深井相比，物探技术具有设备轻便、成本低、效率高、工作空间广等优点。为了获得更准确、更有效的解释结果，一般尽可能将一种物探技术与多种物探方法或钻井技术配合使用来进行对比和综合研究，尽可能减少其多解性带来的误差。油气勘探中最常用的物探技术为地震勘探、重力勘探、磁法勘探、电法勘探技和测井技术，它们被称为"透视地球的专家系统"。

一、超深层地震勘探技术——为地壳做"心电图"

地震勘探，是利用人工激发的地震波，通过在地面布置测线接收它的反射波，然后进行一些处理，从而反映地下构造情况，就好似为地壳做个"心电图"。依据地震反射波处理后的图像，可大致预测油气"储存仓"的位置，为油气勘探部署和资源评价服务。地震勘探技术的优点是精度高、分辨率高、探测尝试大、勘探效率高，可分为反射波法、折射波法和透射波法，其中最高效且精度高的方法是反射波法，其观测的界面深度可达 6000m 以下。按数据采集方法，地震勘探技术可分为一维、二维、三维和四维地震，其工作的核心内容包括地震数据采集、地震数据处理和地震成果解释三个方面。

与中浅层油气勘探相比，超深层地震勘探问面临的最主要问题是地层埋深大、岩石普遍致密、层间岩石的物理性质差异小、地球物理采集到的资料信噪比和分辨率低，增加了构造成像、储层预测和气藏识别的难度。另外，目前用于超深层的物探方法众多，但满足超深层油气特殊研究需求的配套技术非常欠缺，急需研制适合超深层油气勘探的特色技术。

针对上述问题，近年来中国石油集团东方地球物理勘探有限责任公司和中国石油化工股份有限公司石油物探技术研究院联合攻关，自主研发了一系列适合塔里木盆地、四川盆地和鄂尔多斯盆地超深层的地震采集、处理和解释一体化配套特色技术以及特色探测仪器，在油气勘探中发挥了举足轻重的作用。

在地震资料采集方面，自主研发了一系列特色技术，包括宽方位（WAZ）地震采集技术，增加了超深层地震反射信息量，获得更多方位角反射的高质量数据，提高了对断裂和特殊岩性的识别能力；逆时偏移处理技术（RTM），对深层复杂速度场进行了更细化和更精确的估计，实现了对复杂区域的准确成像；基于波动方程的叠前深度偏移处理技术，实现了超深层速度纵横向变化剧烈区地震资料的准确成像，克服了盐下、碳酸盐岩、火山岩等复杂目标成像差的难题；基于大组合的宽线＋长排列采集技术，获得了常规采集数十倍至百倍的覆盖次数，强化了深层地震弱信号的采集，提高了超深层地震资料品质，实现了超深层成像"从无到有"的突破。

围绕深层—超深层碳酸盐岩领域地震资料成像需求，创建了超深层地震处理特色技术——深度域保幅成像处理技术系列，主要包括速度分析及建场反演技术、各向异性叠前深度偏移、多次波压制技术三项。近年来，随着层析理论和方法技术研究的不断深入以及计算机技术的发展，地震层析成像法已被广泛地用于岩石圈和造山带的深部结构、构造以及地幔热柱等领域的研究，其发展势头高涨，正由二维层析法向三维层析法、由单参数向多参数层析反演、由各向同性介质向各向异性介质等方向发展。

针对超深层地震解释和储层预测难问题，完善和发展了叠前深度偏移技术、逆时偏移技术和复杂地质体正演验证等处理—解释一体化技术。同时，创建了断溶体和礁滩体预测的配套技术，形成了多属性分析、叠前方位各向异性裂缝检测、叠前反演和三维可视化等配套技术。

二、重磁电震联合技术——"透视地球专家系统"

重力、磁法和电法勘探，简称"重磁电"，属于非地震物探技术，这三类勘探技术分别根据岩石的密度差、磁性差和电性差的特征，在地表或地表上空，利用特殊的测量仪检测地球重力场、电场、磁场特性的变化，来达到反映地下地质特征的目的。重磁电勘探既可以为大地构造单元的划分提供依据，也可以在一定程度上圈定有利构造，属于进行大区域基底构造和火成岩分布预测时必不可少的技术。由于重磁电勘探技术的分辨率不如地震技术高，为了发挥每种勘探技术的优势，综合应用多种地球物理信息，共同构建一个地下地质体的地球物理模型，达到提高超深层地质结构解准确度的目的，那么就急需一种能够"透视地球的专家系统"，这个系统具有数据共享和智能诊断的功效，它就是重磁电震联合反演技术。该技术已经成为目前和未来超深层油气勘探亟待攻关和研发的重要技术。目前面临的难题是非地震检测仪器设备更新换代和研发与地震和非地震的联合处理解释软件的研发等。

中国石油集团东方地球物理勘探有限责任公司徐礼贵教授带领的团队开展了重磁电震联合反演技术的攻关，研制出400kW超大功率恒流电磁发射系统样机，实现300A恒流电源的稳定输出，时频电磁有效勘探深度由7~8km加深到12km，为获取超深层有效信号提供了物质基础；研发了超深层广域电磁勘探技术，实现了全息电磁勘探，采用连续小波变换处理技术压制噪声，使电磁法的分辨率提高7倍以上，提高了电磁技术深部信息的探测能力。同时，还研发了重磁电综合处理解释软件，实现了重磁电震资料的联合处理和解释，开发了基于井震约束的二维/三维重力大地电磁联合反演以及二维/三维人工源—天然源电磁联合反演等技术，提高了超深层构造解释和储层预测精度。

重磁电震联合反演技术的发展，以及三维可视化技术的开发利用大大提高了重磁电震资料的地质解释精度和准确性，在中国主要含油气盆地的油气勘探中发挥了重要作用。目前，针对深层—超深层及中—新元古界，四川盆地、华北地区和塔里木盆地已完成重磁电资料采集处理工作近1500km，川中地区共采集重磁电大剖面长度470km，基于重磁电震等物探信息的融合与综合解释，初步搞清了三大盆地深大断裂、裂陷、地质结构以及火成岩分布预测，为深层—超深层油气成藏研究和勘探奠定了基础。超深层地球物理勘探技术的进步，促进了中国在深层低孔渗碎屑岩、强非均质碳酸盐岩和复杂岩性火成岩三大勘探领域的突破性进展。

中国三大克拉通盆地超深层油气勘探的进步以及大数据科学的发展，促进了重磁电震联合解释技术与钻井技术的结合，同时向人工智能重磁电震联合反演和解释技术发展，其主要研究内容包括基于深度学习的多物理场数据联合反演、大数据智能地球物理联合反演、基于结构相似性多尺度重力—地震联合反演等，总的发展趋势是形成快速、稳定、灵活的智能化多物理场的反演预测方法和配套软件。

三、多功能测井技术——"井下诊断系统"

钻井是向地下钻个洞，测井是顺着这个洞，自洞口到洞底去"窥探"这个"洞"周围的地层发育及其含油气情况，因此测井技术就是对井下进行"诊断"。

测井也叫地球物理测井，它以地质学、物理学、数学为基础，采用计算机信息技术、电子技术及传感器技术，设计出专门的测井仪器，沿着井身进行测量，得出地层的各种物理化学性质、地层结构及井身几何特性等各种信息，为石油天然气勘探、油田开发提供重要的数据和资料。测井的井场作业由测井地面仪器、绞车和电缆组成，通过电缆把下井仪器放到井底，在提升电缆过程中进行测量。

目前常用的地球物理测井包括电测井、电磁波传播测井、地层倾角测井、全井眼地层微电阻率扫描成像测井、声波测井、井下声波电视测井、核测井、核磁共振测井和热测井等。伴随油气勘探向复杂性和超深层发展，测井技术所面临的挑战也越来越多，主要是测井仪器的更新换代、测井资料处理和解释软件的综合性与精细度，以及测井过程及解释成果的智能化和可视化术等。目前，井下声波电视测井和成像测井技术在中国超深井油气勘探中发挥着重要作用。

1 井下声波电视测井——直观纪实

近年来，人们开发了一种更加直观的测井技术——井下声波电视测井。这种技术的原理也很简单：日常生活中的电视机是观看光学摄像机摄录的图像，前提是要有可见光，只有在人眼看得见的地方，才能用摄像机摄录图像。在超深井之下，各种地球物理测井方法能够测量记录电阻、声速、天然放射性强度等物理参数，而且可以得出这些参数随钻井深度变化的曲线。但还不能直接看到井下的直观图像。在数百到数千米深的、充满钻井液或石油等液体的井下，没有任何可见光，即使有强光照明，也很难进行通常的光学摄影。对于井下的情况就不能用电视技术来观察吗？既然声波可以穿透可见光线所不能穿透的介质，科学家想到声波可以穿透可见光所不能穿透的介质，据此发明了井下声波电视。

井下声波电视测井仪器设计巧妙。在井轴上设置一个可绕井轴旋转的声学换能器，使之发射一束束的声波信号（称为声脉冲，就像探照灯发出断续的光一样），这样的声波信号可以穿透井内的钻井液（或石油），到达井壁后会形成反射（就像光线照在物体上被反射一样），反射信号的强弱与井壁介质的软硬、是否光滑有关，还和入射声波与井壁介质表面的角度有关。经过井壁反射的声波信号再穿过井内的泥浆（或石油）回到声学换能器，这时的换能器被用来作为接收反射声波信号的器件，并将接收到的反射声波信号按其强弱变换为相应的电信号，再经过电缆传输到地面。地面的仪器设备会根据井下传输上来的电信号的强弱，将其变换为电视机荧屏上的明亮或黯淡的信号。这就是将声波信号转换为电视机上图像的过程。井下声波电视测井就是用声学成像的方法得出井壁的直观图像，在这种图像上，可以看到井壁上有没有孔洞、裂缝，以及井壁岩石性质的变化，甚至可以看到岩层的倾斜。

井下声波电视测井技术与可以听到油气井发出声音的"噪声测井"，与识别井内油、气、水等流体性质的"流体识别测井"，以及与油层生产检测的"电缆地层测井"等技术的结合，就能够做到直观纪实地观看地下钻井世界所发生的一切。

② 成像测井——"火眼金睛"

地质学家、测井分析家们早就梦想带着照相机到井筒中去漫游，去观赏地下地层结构和流体分布。为实现这个目标，测井工程技术人员已奋斗了70多年，在21世纪的今天，伴随成像测井的出现，梦想终于实现了。

成像测井技术是美国率先推出的具有三维特征的测井技术，是当今世界最新的测井技术。它是在井下采用阵列传感器扫描测量或旋转扫描测量，沿井眼纵向、径向大量采集地层信息，利用遥传将采集到的地层信息从井下传到地面，通过图像处理技术得到井壁二维图像或井眼周围某一探测范围内的三维图像。因此，成像测井系统由成像测井地面仪器、数据高速遥传电缆系统、井下仪器和成像测井解释工作站四大部分组成，成像测井图像比以往曲线的表达方式更精确、更直观、更方便，不仅能获取井下地层井眼周围方位上和径向上多种丰富的信息，而且能够在更复杂、更隐蔽的油气藏勘探和开发方面有效地解决一系列问题，对地下地质现象几乎是"火眼金睛"。例如，对微裂缝、薄层、薄互层以及低孔低渗储层的识别与评价；对高含水油田中剩余油分布的确定；对固井质量、压裂效果、套管井损坏等工程问题的评价以及地层压力、地应力等力学参数的求取等。

成像测井系统主要包括电成像测井系列、声波成像测井系列和核磁共振成像测井三类。电成像测井系列包括地层微电阻率扫描成像测井（FMI）、阵列感应成像测井（AIT）和方位电阻率成像测井（ARI），它们分别描述井壁地层属性、地层径向电阻率和井眼轴向电阻率分布图像。声波成像测井系列包括超声波成像测井和偶极横波成像测井（DSI），它们分别描述井眼周缘地层构造和孔隙度发育情况。以上各种测井仪器共同获取地下地层的非均质特征及测井环境等丰富信息。核磁共振成像测井（MRI）和组合式核磁共振测井（CMR）是由斯伦贝谢公司推出的，其中CMR测井是采用永久磁铁产生静磁场，在井眼之外的地层中建立一个比地磁场强度大1000倍的均匀磁场区域，天线发射CPMG脉冲序列信号并接收地层的回波信号，而CMR测井的原始数据是由一系列自旋回波幅度组成，经处理得到T2弛豫时间分布，由T2分布可导出孔隙度、束缚流体孔隙度、自由流体孔隙度和渗透率。可见，核磁共振成像测井有助于描述油藏流体特征，这是传统孔隙度和渗透率测量方法所不能做到的。近年来，斯伦贝谢公司又开发出新一代电缆核磁共振（NMR）测井仪仪器共振专家（MRX）。

成像测井各种仪器主要记录井眼周围地层中的信息，远比传统的测井仪器能更好地解决某些地质问题。特别是在岩性识别、裂缝评价、应力分析、薄层识别、储层评价等方面，成像测井具有明显优势，在油田的勘探与开发过程中发挥了巨大的作用。中国人研发的声波反射测井技术能够在5000～6000m以下、温度为150～170℃的地层中稳定工作，有效地识别出超深层火成岩和古老的白云岩等储层性质、含油性及分布。新型测井仪器和测试技术的研究是未来石油技术研发的重点方向。

第三节　智能化的超深井钻探技术

一、超深孔地质钻探及其特殊性

纵向钻探一口超深孔井是探秘地壳深部油气最直接、最有效和最可靠的方法。如前若述，人类已经通过SG-3钻出了12262m的超深钻孔，虽然它仅是地球直径的千分之一，却有着划时代的意义。这个超深孔如同一部"望远镜"，将人类的"视距"向地球内部延伸数千米甚至上万米，渴望进去一探究竟。

超深孔地质钻探指研究地壳深部和上地幔地质和矿藏等情况而进行的钻探工程，又称科学钻探。超深井的深度定义随钻探工程技术的发展而变化，用旋转钻机施工深6000m以上，用岩心钻机施工深3000m以上的钻孔，统称为超深孔。

通过超深孔钻探，在地质学方面，可以研究地球深部构造及演化、地球深部流体及其作用，校验地球物理探测结果；在资源能源开发利用方面，可以研究成矿理论和油气成因，调查和开发深部热能，可以开拓深部常规、非常规油气资源战略新区，开辟重要矿产资源"深部第二找矿空间"；在环境科学方面，可以研究地震成因、火山喷发机理、地质灾害预警、地球气候演变、生命演化历史。因此，科学钻探被形象地誉为了解地球内部信息的"望远镜"和了解地球演化的"时间隧道"。

超深孔钻探与一般的中浅层钻探相比，有如下特殊性：要尽量取出全套地层的地下地质实物资料，如岩心、岩屑、侧壁岩样、液态和气态样，进行地球物理测井和采集地球化学信息资料；为减轻钻探设备的总重量、节约功率总消耗，使用高强度轻合金钻杆，为保持长钻杆柱（3000～15000m）的高度稳定性、预防钻孔弯曲，大量削减起下钻次数，降低非生产时间和劳动强度，要采用与孔底动力机（涡轮钻、螺杆钻、冲击回转钻）结合的绳索取心和孔底换钻头等新技术；结晶岩坚硬，要研制全新式长寿命金刚石钻头；由于钻探工作是在高温、（150～400℃）、高压（100～150MPa）状态下进行的，各类孔底动力机、钻头、测井仪器、电缆等都要提高耐高温、高压的能力，还必须采用抗高温的钻井液材料和处理剂。

二、中国超深钻井的发展

据统计，截至 2020 年底，塔里木油田完钻 7000m 以上的井已经达到 471 口、8000m 以上井 10 口，轮探 1 井完钻于 8882m，在新元古界震旦系发现低产气层，在寒武系获高产工业油气流，成为亚洲最深的油气井。中国深井—超深井钻探目前已经进入大规模应用阶段，也研制出自己的 6000m 电动钻机，达到国际水平，这标志着中国正在成为世界上拥有实施万米大陆科学钻探的专用装备和相关技术的国家，但与国际深井钻井水平相比还存在一定差距，如钻井设备相对落后，缺少深井大功率电动钻机以及配套顶驱、自动仪表等辅助装备，还有随钻监测和钻头、参数优选技术跟不上，缺少适用于深井的特殊钻具及防斜、减震等井下工具等。

中华人民共和国成立之初，没有石油钻井装备与工具的制造能力，钻井主要设备是使用苏联、罗马尼亚的钻机，一直到 20 世纪 70 年代，开始生产国产钻机。2006 年，中国成功研制出 9000m 钻机，2007 年成功研制出 12000m 钻机，并出口到多国。近十几年来，高温高压油气资源的高效钻探与开采问题在国际上是一个难点和热点，突破高温高压钻井的技术难题，不仅是高温高压油气藏勘探与开发的迫切需求，还是代表 21 世纪钻井技术发展水平的重要标志之一。

三、智能化超深井钻探技术

目前常用于超深层钻井技术系列包括顶部驱动钻井技术与定向井、水平井和多分支井技术以及欠平衡钻井技术、地质导向钻井技术、自动化智能化钻井技术等。

① 顶部驱动钻井技术

传统的旋转钻井的转盘装置是位于钻台上，通过方钻杆驱动井下钻柱旋转钻进。而顶部驱动钻井装置简称顶驱，是和钻柱顶部相连接，直接驱动钻柱进行旋转钻进、循环钻井液、上卸扣，具有多项钻井功能。

顶驱钻井装置取代钻井平台上的传统转盘、方钻杆、方补心钻井模式，其技术关键是利用天车—转盘之间的空间，将驱动主体与提升系统连接在一起，实现空间的充分利用，以立根为单元取代单根进行钻井作业，提高了钻井速度，改善了井眼质量。顶驱钻井的突出优越性是当起下钻柱过程遇阻遇卡时，可迅速与以立根为单元的钻具相连接，及时进行旋转钻具、循环钻井液，化解井下的卡阻危险。

目前，顶驱已经成为探井、深井、复杂井以及海外钻井作业中的必备设备之一，是21世纪初在世界钻井工程界的重大关键技术之一，代表了当今石油钻机重大装置方面的最新水平。中国已成为继美国、挪威、加拿大、法国之后，世界上第五个具备顶驱设计制造能力的国家。

② 定向井、水平井和多分支井技术

定向井和丛式井都可以称为斜井，它与普通直井（垂直地面）的井筒形状不一样，其明显特点是从井口到井底有一个预定方向的大斜度，最大可达到100°以上（水平井）。当然一般的直井也并非人们想象得那么垂直，实际上都有大小不等、方向不一的斜度，但这个斜度都不很大，是要求加以控制的，这也与井深有关。沿着选定的方向钻达预定的目的层位，成为定向井；在一个井场或者钻井平台上，钻出不同方位和斜度的多口井，成为丛式井。常规定向井的井斜角一般为15°~45°，大斜度定向井则可达45°以上。

在石油勘探开发过程中，由于经常遇到各种客观条件的限制，或处于经济方面的考虑，钻直井达不到预期目的，而钻斜井则能扬长避短。因此，人们在钻直井的基础上成功实践了钻斜井的方法。

③ 欠平衡钻井技术

欠平衡钻井又叫负压钻井，指在钻井时井底压力小于地层压力，地底的流体有控制地进入井筒并且循环到地面上的钻井技术。

欠平衡钻井的目的是为解决钻井过程中钻井液的压力略小于钻遇地层的压力的问题，避免和减少钻井液进入地层，使油气层不被伤害或压死，又不会发生井喷，是一套优质安全的钻井技术。欠平衡钻井系列又分为气体钻井、雾化钻井、泡沫钻井液钻井、充气钻井液钻井、清水或卤水钻井液钻井、油包水或者水包油钻井液钻井等。欠平衡钻井已经在中石化和中海油进行了推广应用，目前已形成具备年钻300口井的能力。

④ 自动化智能钻井技术

自动化智能钻井技术，是现代钻井技术中的一种，该技术利用计算机信息技术，快速获取钻井过程中产生的各种数据，并对其进行快速传递编辑，再通过处理器发送精确的操作指令，让整个作业项目自动化、智能化。在钻井过程中，传感器的应用是必不可少的，它对作业中的各项参数自动检测，并通过设备发出指令，指导无人化操作。基于这种操作模式，自动化智能钻井技术可以有效提高作业效率和质量，减少作业成本投

入，增加石油企业的经济效益。从整体来看，自动化智能钻井技术总共分成三个部分，一是地面钻井自动化，二是井下钻井自动化，三是智能完井技术。在地面钻井自动化作业中，工人利用计算机监测地面的实际情况，并控制自动化钻机完成相应的任务。在井下钻井自动化作业中，工人利用旋转自动导向闭环钻井系统和旋转导向工具系统，实现方位和井斜的自动调整，以便更好展开复杂结构钻井的高难度作业。智能完井指在完井时安装了传感器、数据传输系统和控制设备，可在地面对井下油气生产信息进行数据收集、分析和远程控制，以达到优化完井技术方案的目的。

　　自动化智能钻井技术系列中最为关键的支撑技术是旋转导向钻井技术、地质导向钻井技术、智能钻柱技术、随钻地震技术、随钻测井技术以及智能完井技术等（图4-1）。

图4-1　自动化智能钻井技术工作示意图

1）旋转导向钻井技术

　　该技术是通过井眼轨道明确钻头轨迹，实现钻头轨迹的有效控制。该技术的关键是井下旋转导向，核心是钻井工具系统，钻柱在旋转钻进过程中实现了精确稳斜扭方位、增斜等。井下工具时刻处于旋转状态，井眼净化效果确切，位移延伸能力增强，适用于水平井、分支井与大位移井等。钻井系统工作机理主要靠偏置机构的钻头或钻柱产生导向。

2）地质导向钻井技术

　　地质导向钻井可在钻井作业的同时，实时测量地层参数和井眼轨迹，并能绘制各种测井曲线，是国际钻井的前沿技术。其原理是，由随钻的测井仪测出油气层的渗透率或电阻率后，将信息发至地面，根据油气实际地层走向调整井眼轨迹，实现最大限度钻遇油气层。这一操作原理又称为地质导向。该技术的应用可确保水平井眼始终在目标层内，并与产层内的水油等资源保持适当间距，增加井眼与油气层接触面积，提高钻井成功率，对提高单井产量具有显著效果，但该技术不能反馈储层物性参数信息，适用于开采薄油层、油田后期开发等领域。

3）智能钻柱技术

该技术的应用可在提高数据传输速率的同时实现钻井信息实时分析，数据传输的稳定性随之提高。智能钻杆遥测系统由顶驱转动短节、井下接口短节、智能钻杆、信号放大器等组成，具有双向通讯、大容量、井筒实时监测、适用范围广、高速传输等功能。美国 IntelliSer 公司通过采用磁感应信号传输方式成功研制出钻杆数据遥传系统（IntelliservNetwork），生产出最高传输速率 2Mbit/s 的智能钻柱网络系统。该系统具有双向通讯功能，今后发展方向主要在提高数据传输速率、提高耐温能力与无缆顶驱转环短节研发等方面。

4）随钻地震技术（SWD）

该技术是地震勘探技术与石油钻井相结合的产物，是国外近年发展起来的逆垂直地震测井的井中地震方法。随钻地震技术的原理为：以钻头钻进产生的连续随机振动作为震源，采集钻柱传递的参考信号及经地层传播上来的振动信号，将参考信号经处理后与地面检波器信号进行互相关自动化智能钻井技术系列和自动化智能钻井技术系列时移，计算地震速度和绘制钻头前方待钻地层地震图像剖面。随钻地震可实现钻前预测，可识别岩性及其变化，识别地层界面、断层和裂缝带等，可对钻探过程实时监控，指导调整钻井方案，减少钻探风险，是一项具有战略意义的高新技术。目前，斯伦贝谢公司、法国 IFP 公司、意大利 AGIP 公司等代表了随钻地震技术的最高水平。中国胜利油田钻井院开展了"随钻地震技术"研究，针对随钻地震信号的采集、信号处理及随钻地震工程应用等进行攻关研究，已经形成了一套具有自主知识产权的随钻地震信号现场采集系统，并取得现场试验的成功。

5）随钻测井技术（LWD）

该技术一般指在钻井过程中测量地层岩石物理参数，并用数据遥测系统将测量结果实时送到地面进行处理。在油气田勘探、开发过程中，钻井之后必须进行测井，以便了解地层含油气情况。但是，测井资料的获取总是在钻井完工之后，用电缆将仪器放入井中进行测量。然而，在某些情况下，如井的斜度超过 65° 的大斜度井甚至水平井，用电缆很难将仪器放下去，此外井壁状况不好、易发生坍塌或堵塞也难取得测井资料，同时钻井液也会侵入地层。因此钻完之后再测井，地层的各种参数与刚钻开地层时有所差别。于是人们在想，如果把测井仪器放在钻头上，让钻头长上"眼睛"，一边钻进一边获取地层的各种资料，这就是随钻测井。由于随钻测井获得的地层参数是刚钻开的地层参数，它最接近地层的原始状态，用于对复杂地层的含油、气评价比一般电缆测井更有利。随钻测井的关键技术是信号传输，广泛使用的是钻井液压力脉冲传输，这是随钻测井仪器普遍采用的方法，它是将被测参数转变成钻井液压力脉冲，随钻井液循环传送到地面。由于钻头钻进过程中环境恶劣，温度很高，压力极大，振动强烈，因此，随钻测井仪器的可靠性至今仍是商家最为重视的问题。

6）智能完井技术

该技术指在完井时安装了传感器、数据传输系统和控制设备，可在地面对井下油气生产信息进行数据收集、分析和远程控制，真正的智能井是全自动化的、完全摒弃人力参与的，可实现最优化生产的闭环系统。在国外，智能完井系统主要用于延缓和控制底水锥进，实现油层合理化开采，延长水平井无水或低含水采油期，充分挖掘油田的生产能力，提高油气采收率，延长油井寿命。自1997年世界上第一套智能井系统在北海首次安装，至今已有二十余年。目前，国外已经实现了完全电气化，可以进行实时监测、远程实时遥控生产作业和注入管理。中国胜利油田钻井院开展了水平井智能化完井系统技术和井下数据采集存储技术研究，初步形成了水平井智能化完井技术和井下数据采集存储技术完井技术方案，利用光栅光纤传感器实现了井下产液数据实时传输到地面的技术方案。

自动化智能钻井的关键工具包括地面管柱自动上下钻台装置、钻台机器人和地下挖掘机器人。在操作地面管柱自动上下钻台装置时，只需要司钻在控制房操作触摸屏或借助遥控器操作即可完成全部过程，无需人工辅助，在提升工作效率的同时保障了施工安全，同时，精确操作也保护了钻杆接头螺纹。钻台机器人，能够按照设定的程序，将钻井工具精准地运输到指定位置，还可以将井口上其他工具自动抓取移送到指定位置规范摆放，并扶正工具的对扣，可见钻台机器人具有提高工作效率、降低作业人员工作强度以及降低安全风险的优势，钻台机器人将会扩大作业范围，向智能化方向发展。2017年，欧盟开发了一款自埋式挖掘机器人"獾"，可根据导航指示自动在地下为管道铺设挖掘隧道，还可搭载三维打印模组，在钻孔的同时打印墙壁。地下挖掘机器人的钻孔方式主要是结合了旋转和冲击钻井技术，锥形头部雕有扭纹曲线，配备超声波，能粉碎前进道路上的岩石。"獾"的整体构造是模块化的，它的驱动模块、联动装置、工具模块都可根据需要进行位置调整，工作时会仿照蠕虫蠕动式前进。但是，"獾"也自身缺点，即无法独立检测障碍物，高度依赖人工指挥，同时它无法构建复杂的地下隧道网络，大多数只能走直线等。

⑤ 信息、网络与远程自动化钻井技术

在现代化钻井工作中，智能化钻井通信网络得到了较为广泛的应用。通过这样的网络支持，实现了调控中心与共享中心的双向传输，为石油开采工程提供了更多的数据信息参考，更好地指导了相关工作人员形成决策。可以说，钻井技术的自动化、智能化发展让石油开采工程彻底实现了数据信息的实施传输、检测反馈、数据分析整理等，为井上与井下的工作人员搭建了更为通畅的沟通渠道。

在未来的智能钻井过程中，通过网络系统进行实时数据传输，实现对钻井作业的遥控，也是智能化钻井内容之一。这种双向通讯能安全地传输全球中央控制中心的专家与井场熟练钻工之间有关钻井作业的信息，从数据管理的角度讲，实现了信息共享，并通过通信网络技术实现远程分析和决策功能指导世界各地的钻井作业。2004 年底，Slb 与 M/D Totco 合作，自剑桥 Slb 研究中心（SCR）在网上发送变泵排量的遥传指令经 8000km 远程遥控着横跨大西洋的德州 Cameron 试验中心的钻机成功地执行命令，第一次实现了远程自动化钻井作业。

全球石油勘探开发业的迅猛发展，使钻井新技术实现了质的飞跃，技术的自动化、智能化成为可能。在实践中，钻井新技术贯穿于钻井工程的各个环节与阶段，提升了钻井工程施工的效率与安全程度。但是，中国在钻井新技术的自动化、智能化程度，以及新技术的应用领域、程序步骤等方面与国外发达国家相比仍存在较大差异。国内目前应用的超深层钻井新设备、仪器等都是从国外引进的，要完全摆脱对国外支持的依赖，目前看来难以实现。国内钻井新技术处于摸索前进的阶段，在性能上仍有很大的完善空间，石油开采中的风险因素仍不能有效规避。实现钻井技术的智能化、自动化、数字化，首先需从转变工作理念入手，借鉴国外新钻井技术与工艺，加大国外新钻井设备的研究力度，逐步强化钻井工程的安全性，以及项目施工的效率、质量，提高降低钻井成本方案的可行性，最大程度扩大钻井项目的社会和经济效益；其次，强化超深层钻进钻头参数测量技术、智能钻杆技术等新技术研发，使钻井过程中对于解决信息的实时传递、实时监测等瓶颈问题成为可能。

第四节　中国深部油气勘探前景

向地球深部进军，拓展深层油气资源，对夯实中国能源安全的资源基础具有重要的现实与战略意义。深层—超深层油气勘探是一个复杂、庞大的系统工程，涉及地质研究、勘探技术、钻井及钻后的各项工程的方方面面。近年来，中国在超深层领域，包括在碳酸盐岩和碎屑岩储层中，取得了令人瞩目的油气勘探成果，发现了多个（超）大型油（气）田；同时，正在如火如荼地开展和实施"深地资源研发计划"，不仅完成了一批高难度超深井钻探，推动了中国石油行业超深井钻井技术向高难度发展，同时也自研和创建了适用于超深层油气勘探的科学研究仪器和设备，初步构建了适合中国超深层油气勘查的地质理论框架，为未来深部油气勘探奠定了坚实基础。

一、中国深部油气勘探的资源基础

近年来，中国超深层油气勘探实践成效显著。四川盆地在震旦系和寒武系发现了特大型气田。塔里木盆地在奥陶系发现了轮南、塔河、哈拉哈塘、塔中等亿吨级碳酸盐岩大油田；在寒武系发现了塔中和轮南碳酸盐岩大油气田；在库车山前带发现了埋深在

7000m 以上的碎屑岩天然气富集带，以上展示出中国超深层古老层系油气勘探潜力巨大、资源基础雄厚。

利用"三模型一过程"方法，对三大克拉通盆地深层—超深层碳酸盐岩地层油气资源进行预测。结果显示，中国深层—超深层碳酸盐岩石油资源大约为 $40.39 \times 10^8 t$，主要位于塔里木盆地北部坳陷—斜坡的奥陶系—震旦系、四川盆地德阳—安岳裂陷与边缘的寒武系—下古生界；碳酸盐岩深层—超深层天然气资源可达 $16.81 \times 10^{12} m^3$，主要位于四川盆地德阳—安岳裂陷与边缘的新元古界和下古生界、鄂尔多斯盆地西南缘的裂陷区的元古宇—寒武系以及塔里木盆地塔北—塔中下古生界。综上，中国三大盆地深层—超深层碳酸盐岩地层勘探前景良好，能够成为未来陆上油气勘探的重大接替领域。另外，在中国中西部塔里木盆地、四川盆地、准噶尔盆地石炭系和东部断陷盆地古潜山等深层也存在一定规模的非常规油气和深层页岩气资源，可成为未来深部油气勘探和增储上产的重要领域。

二、中国深部油气勘探的重点领域

勘探实践显示，中国深部油气未来勘探重点应集中在以下四大领域。

① 四川盆地超深层—深层

四川盆地深层—超深层油气成藏条件有利，发育多套烃源岩，厚度大且丰度高，存在多个烃源灶；储层和成藏组合也有多套，盆内震旦系和寒武系已发现亿吨级探明储量，勘探潜力大，未来油气勘探关键是寻找有效圈闭发育和保存条件有利的地区，盆地震旦系和南华系裂陷槽两侧的藻礁/滩发育带是今后超深层重点目标区，其震旦系天然气资源量可达 $2.77 \times 10^{12} m^3$。整个盆地超深层—深层（震旦系—下古生界）天然气资源量可达 $10.92 \times 10^{12} m^3$，其中开江—梁平海槽边缘和川西山前带是长兴组—飞仙关组和栖霞组—茅口组中深层有利勘探区带。

② 塔里木盆地寒武系

塔里木盆地寒武系烃源岩分布较落实，但震旦系烃源岩分布受裂陷槽控制，目前受地震资料品质影响，裂陷槽区刻画难度大，露头上震旦系烃源岩厚度和有机质含量分布不均，微生物白云岩储层发育，盆地和盆外油气显示点少，未获得工业气流，落实生烃中心和有利储层分布是今后深层—超深层的关键，塔北斜坡带、塔中—古城和新和—柯坪地区是今后超深层油气获得突破的重点领域，盆地下古生界—震旦系石油资源量可 $40.39 \times 10^8 t$，天然气资源量为 $4.37 \times 10^{12} m^3$。

③ 鄂尔多斯盆地中元古界

鄂尔多斯盆地深层—超深层油气成藏条件相对有利，但具有一定风险，长城系烃源岩总体厚度薄、有机质含量分布不均，碳酸盐岩、碎屑岩储层均发育，生储盖组合较好，落实优质烃源岩和有利储层分布是今后深层—超深层油气勘探的关键，盆地伊陕斜坡区、西南缘和西缘是今后超深层重点攻关目标区，奥陶系下组合和长城系的天然气资源量可达 $1.52 \times 10^{12} \mathrm{m}^3$。

④ 超深层潜山、火山岩等复杂岩性领域

复杂岩性领域主要包括潜山、火山岩、湖相碳酸盐岩三个次级领域。潜山领域剩余地质资源量 $10.47 \times 10^8 \mathrm{t}$，集中分布于中国东部的渤海湾盆地，并且以辽河、冀中、黄骅坳陷富油气凹陷潜山为主；火山岩领域剩余地质资源量 $11.31 \times 10^8 \mathrm{t}$，集中分布于西部准噶尔盆地与东部渤海湾盆地，并且以准噶尔盆地西北缘断裂带与准东隆起区富油气区带、渤海湾盆地辽河、冀中、黄骅坳陷富油气凹陷为主；复杂岩性—火山岩领域探明天然气地质储量 $3695 \times 10^8 \mathrm{m}^3$，剩余地质资源量 $18962 \times 10^8 \mathrm{m}^3$，总地质资源量 $22657 \times 10^8 \mathrm{m}^3$，集中分布于东部大陆型坳陷盆地下组合断陷、西部大型叠合盆地下组合裂陷、松辽盆地断陷火山岩及准噶尔盆地石炭系火山岩。

三、中国深部油气勘探发展趋势

随着全球深层油气勘探节奏的加快以及新理论、新认识、新技术、新手段的不断涌现，深层—超深层油气研究也将迎来快速发展期，整体呈现出如下四个方面的发展前景。

① 多学科技术交叉融合

近年来，与地质学相关学科的地球物理、地球化学、海洋地质、同位素地质、实验地质、遥感地质等学科的发展为深层油气勘探技术奠定了基础。特别是新技术、新手段的飞速发展和应用，如高分辨率与高精度的观测技术（包括地球物理、遥感、重磁等）、高灵敏度和高准确度的分析测试技术（包括微粒、微量、纳米级和超微量）、不同条件下的实验模拟技术（包括高温、高压等）、高性能计算机分析技术（包括数值模拟、数字化地球等），则是实现深层油气勘探技术发展的推动力。深层油气地质研究的诸多前沿领域（如高温高压条件下有机质生烃模式、高过成熟有机质生烃量、深层有机与无机元素之间的相互作用、热液流体的作用、特殊岩性的孔渗变化规律、深部储层的水—岩反应规律、超临界状态流体）等方面的研究需求，也将促进深层油气地球化学、深层构造地质学、深层沉积学、深层储层地质学、深层油气成藏等多学科技术的联合攻关。多学科相互渗透、交叉融合发展，已经成为大势所趋。

以油气勘探为例，利用多学科互联网综合分析平台"大数据"的高效数据管理、数据可视化以及分析功能为地质学家提供一个全局性的视野，有效深化综合地质研究并提

高勘探成功率。在学科互联网综合分析平台上收集并处理来自物探测井等专业获取的地下岩石和流体的信息、不同层位采集的岩心和岩屑样本实验室分析数据、原油的生成、运移和成藏等数据，将不同学科研的研究信息和成果有效结合起来，通过云技术、人工智能等 IT 技术进行数据挖掘和模拟运算研究，从而减少研究对象的不确定性，起到协同增益作用。实现实验室、现场、各专业信息的高效结合，提高油气田勘探开发的准确性和全面性，降低勘探风险。

② 从定性、半定量向定量化发展

实验与模拟技术的进步将促使深层油气地质学不断走向定量化。定量化是科学的发展趋势之一：新的实验方法的产生、模拟技术的进一步改进等可促进深层油气勘探技术不断走向定量化；随着深层钻探的不断开展，将有更多的岩石、油气等样品可供开展实验，可促进深层油气勘探技术不断走向定量化；随着工艺技术的进步、新的实验设备的出现，使得一些极端地质条件（如更高温压环境）也可以在实验室中进行模拟，可促进深层油气勘探技术不断走向定量化；随着计算机等技术的不断发展，一些超大数据的复杂地质条件计算机模型分析将陆续开展，也可促进深层油气勘探技术不断走向定量化。

③ 向集成化、实时化、智能化、绿色技术发展

世界科技日新月异，新一轮科技和产业革命蓄势待发，高新技术在石油工业中不断渗透、融合，使油气工业技术不断向集成化、实时化、智能化、绿色化方向发展，催生新一轮科技及产业革命，推动世界石油工业快速发展和提质增效。

新近出现的连续循环、连续运动钻机等创新技术，将成为深水、深层高效钻井的主体。由可控震源及地面信息采集处理系统、井下动力钻具、具有边界探测功能随钻测井系统、旋转导向、高速大容量信息传输系统等组成的钻井系统将实现钻头周边与前方地层岩性、物性、流体性质与压力随钻探测，优化井眼轨迹，引导钻头向预定地质目标钻进。

由智能测传导钻具系统、井下工况实时评价与钻井操作优化模型、钻机操作自动控制系统、远程操控中心等组成的智能钻井系统不是现有技术的简单升级，而是钻井技术的一次全方位深刻革命。具有机器学习能力的智能钻台机器人、智能铁钻工和智能排管机器人将取代钻台工和井架工，实现钻井作业的自动化、智能化、少人化，著提升钻井效率，大幅降低单井作业周期和费用。

在地震资料解释过程中，解释人员不再面对那些枯燥的单维数据，而是戴上头盔和数据手套，对一个个地下构造的三维透视图像，用数据手套操纵虚拟对象，选择不同的方向和路径进入到构造内部做深入的"游览"，发现地层序列、地层关系、岩性参数、流体等，也可发现问题随时修改，重新组合和拼接，以重现接近地下油藏的真实情景。

未来智能油田将以一个统一的智能分析控制平台为中心，无论工作人员、移动设备、固定资产，都将成为数据的收集者和接受者，并直接同控制中心建立联系。智能控制中心利用人工智能、大数据、云计算等技术，通过海量数据分析，实时地完成资源的合理调配、生产优化运行、故障判断、风险预警等，最终实现全部油田资产的智能化了开发运营。

不可否认，深部油气勘探中还存在许多未解之谜，仍有一些地球物理技术难题和钻井工程等问题亟待探索。但是，困难并不能阻挡人类向地壳深部进军的脚步，深部油气的勘探开发前景广阔，打开地壳深部油气的大门指日可待。

参 考 文 献

戴金星, 陈践发, 钟宁宁, 等, 2003. 中国大气田及其气源 [M]. 北京: 科学出版社.

杜金虎, 汪泽成, 邹才能, 等, 2016. 上扬子克拉通内裂陷的发现及对安岳特大型气田形成的控制作用 [J]. 石油学报, 17（1）: 1-16.

杜金虎, 易士威, 卢学军, 等, 2004. 试论富油凹陷油气分布的"互补性"特征 [J]. 中国石油勘探, 9（1）: 15-22.

杜金虎, 邹才能, 徐春春, 等, 2014. 川中古隆起龙王庙组特大型气田战略发现与理论技术创新 [J]. 石油勘探与开发, 41（3）: 268-277.

郝芳, 2005. 超压盆地生烃动力学与油气成藏机理 [M]. 北京: 科学出版社.

何登发, 贾承造, 王桂宏, 2004. 叠合盆地概念辨析 [J]. 石油勘探与开发, 31（1）: 1-8.

何登发, 李德生, 1996. 塔里木盆地构造演化与油气聚集 [M]. 北京: 地质出版社.

何登发, 等, 2015. 全球大油气田形成条件与分布规律 [M]. 北京: 科学出版社.

侯启军, 2011. 松辽盆地南部火山岩储层主控因素 [J]. 石油学报, 32（5）: 749-756.

胡见义, 黄第藩, 徐树宝, 等, 1991. 中国陆相石油地质理论基础 [M]. 北京: 石油工业出版社.

胡见义, 2007. 石油地质学理论若干热点问题的探讨 [J]. 石油勘探与开发, 34（1）: 1-4.

黄第藩, 1996. 成烃理论的发展—未熟油及有机质成烃演化模式 [J]. 地球科学进展, 11（4）: 1-22.

贾承造, 郑民, 张永峰, 2014. 非常规油气地质学重要理论问题 [J]. 石油学报, 35（1）: 1-10.

贾承造, 庞雄奇, 姜福杰, 2016. 中国油气资源研究现状与发展方向 [J]. 石油科学通报, 1（1）: 2-23.

贾承造, 庞雄奇, 2015. 深层油气地质理论研究进展与主要发展方向 [J]. 石油学报, 36（12）: 1457-1469.

金之钧, 王清晨, 2004. 中国典型叠合盆地与油气成藏研究新进展——以塔里木盆地为例 [J]. 中国科学（D辑: 地球科学）, S1: 1-12.

康玉柱, 2010. 中国古生代海相油气成藏特征 [J]. 中国工程科学, 12（5）: 11-17.

李德生, 2012. 中国多旋回叠合盆地构造学 [M]. 北京: 科学出版社.

李明诚, 2004. 石油与天然气运移 [M]. 北京: 石油工业出版社.

马永生, 蔡勋育, 赵培荣, 2011. 深层、超深层碳酸盐岩油气储层形成机理研究综述 [J]. 地学前缘, 18（4）: 181-192.

裘亦楠, 等, 1997. 中国陆相油气储集层 [M]. 北京: 石油工业出版社.

沈安江, 赵文智, 胡安平, 等, 2015. 海相碳酸盐岩储集层发育主控因素 [J]. 石油勘探与开发，42（5）：1-10.

魏国齐，杨威，杜金虎，等，2015.四川盆地震旦纪—早寒武世克拉通内裂陷地质特征［J］.天然气工业，35（1）：24-35.

张水昌，梁狄刚，张大江，2002.关于古生界烃源岩有机质丰度的评价标准［J］.石油勘探与开发，29（2）：8-12.

张水昌，朱光有，2007.中国沉积盆地大中型气田分布与天然气成因［J］.中国科学 D 辑：地球科学，37（增刊Ⅱ）：1-11.

赵文智，等，2012.中国陆上三大克拉通盆地海相碳酸盐岩油气藏大型化成藏条件与特征［J］.石油学报，33（增刊 2）：1-10.

赵文智，何登发，池英柳，等，2011.中国复合含油气系统的基本特征与勘探技术［J］.石油学报，22（1）：6-13.

赵文智，汪泽成，张水昌，等，2007.中国叠合盆地深层海相油气成藏条件与富集区带［J］.科学通报，S1：9-18.

赵文智，王兆云，王红军，等，2011.再论有机质"接力生气"的内涵与意义［J］.石油勘探与开发，38（2）：129-135.

赵文智，王兆云，张水昌，等，2005.有机质"接力成气"模式的提出及其在勘探中的意义［J］.石油勘探与开发，32（2）：1-7.

赵文智，2002.中国叠合盆地和海相油气地质［M］.北京：石油工业出版社.

赵文智，王晓梅，胡素云，等，2019.中国元古宇烃源岩成烃特征及勘探前景［J］.中国科学：地球科学，49（6）：939-964.

郑民，李建忠，吴晓智，等，2019.我国主要含油气盆地油气资源潜力及未来重点勘探领域［J］.地球科学，44（3）：833-847.

打开地壳深部油气的大门